Anweisung

für

Frauenzimmer

die ihrer

Wirthschaft selbst vorstehen wollen

Eilftes Stück

von

Hühnern, Tauben, Pfauen, Perlhühnern und wie man kleine Vögel mästen, und sie dadurch wohlschmeckend machen kann.

von

J. G. S.

Berlin,
bei Arnold Weyer 1797.

Von der

Federviehzucht

und

insbesondere von der

Hühner- Tauben- Pfauen- und Perlhuhnzucht, auch wie man kleine Vögel mästen und sie recht wohlschmeckend machen kann

von

J. G. S.

Zweytes Stück.

Berlin,
bei Arnold Weber 1797.

Die Zunge ist bey den mehresten ganz und ungespalten.

Insgesammt haben sie mehr als zwölf Schwanzfedern.

Ihre Nahrung bestehet hauptsächlich in allerley Samen und Körnern, in allerley Insekten, besonders Spinnen, auch wohl Maykäfer, zuweilen verschlingen sie Regenwürmer, und manche fressen auch wohl gekochtes und klein geschnittenes Fleisch.

Alles Futter wird erst in dem Kropf eingeweicht, ehe es nach dem Magen zur völligen Verdauung gelanget.

Endlich, leben sie nicht paarweise zusammen, sondern in Polygamie, das ist: ein Hahn hält sich zu mehreren Hühnern, und letztere, thun im Gegentheil eben dasselbe.

Ursprünglich sind die mehresten bey uns nicht zu Hause, nur erst durch die Länge der Zeit, und Gewohnheit zu unserm Hausgeflügel geworden.

Sie legen jederzeit eine große Anzahl Eyer, und eben dadurch ist ihre Vermehrung so leicht und zahlreich.

Außer den in unsern Gegenden allgemein verbreiteten, gemeinen Bauer- oder Haushühnern, haben wir noch verschiedene andere Arten, wovon sich auf den Höfen, bald mehrere bald wenigere befinden, und gehalten werden, nachdem man an dieser oder jener Wohlgefallen findet. Sie machen sich alle durch ihre Gestalt und Ansehen, sehr kenntlich, und sind daher sehr leicht von einander zu unterscheiden Besonders aber zeichnen sich von allen die Hähne aus, und weichen sehr in ihrer Gestalt, von den Hühnern

ab.

ab. Eben durch diese, durch ihren schönen Gang, und herzhaftes Ansehen, haben sie sich so viele Freunde und Liebhaber erworben.

Ihre Streitbarkeit hat zuwege gebracht, daß man sich ihrer seit undenklichen Zeiten, zur Unterhaltung und Vergnügen bedienet hat, indem Hahnengefechte als Schauspiele angestellet worden, die vorzüglich zu unsern Zeiten, noch in England gewöhnlich sind, wo zu dem Ende von Manchen, viele Hähne mit großen Kosten unterhalten, und bey den angestellten Hahnengefechten, die größten Wetten gelegt werden. Doch nicht hier allein, sondern auch in China, Ceilan und viel andern Ländern mehr, werden sie zu dergleichen Schauspielen, sowohl in Privathäusern, als auch bey öffentlichen Festen gehalten, wozu man immer die muthigsten Hähne wählet und öfters mit vielen Unkosten anschaffet. Sie werden alsdenn mit den größten Fleiß dazu gezogen und gefüttert, auch wohl noch überdies mit stählernen Sporen an ihren Füßen, bewaffnet. So zum Kampfe vorbereitet, werden sie die mehreste Zeit so hitzig, daß sie wohl dreyßig und noch mehrere Angriffe, auf einander thun oder aushalten, auch nicht eher nachlassen, als bis der eine unterliegt, die Flucht nimmt, oder wohl gar todt auf der Stelle bleibet. Es giebt sehr viele, die bey dem Kampfe lieber den Tod erleiden, als durch entfliehen ihr Leben zu retten suchen.

Dergleichen Hahnenkämpfe pflegt man in England, wenn sie angestellt werden sollen, an allen öffentlichen Oertern und in den Zeitungen, bekannt zu machen. Es werden dazu ordentliche Amphitheater errichtet, welche eine große Anzahl Menschen, in sich fassen können, in deren Mitte die Hahnenkämpfe angestellt werden.

Sobald ein Hahn seinen Feind überwunden, unterläßt er nicht, seinen Stolz deßwegen sichtbar zu äußern, und um denselben allerwärts bekannt zu machen, hebt er wohl gar an, in einer hochmüthigen Stellung zu schreyen. Ist er aber überwunden, so ist er dagegen über seine Niederlage so demüthig beschämt, daß er sich vor Beschämung zu entfernen und zu verstecken sucht, seine gesträubten Federn am Schwanze und am Halse, läßt er sinken, und seine Stimme läßt er so bald nicht wieder hören.

Die Hähne sind ausserordentlich geil, deßwegen begiebt es sich, wiewohl selten, daß die im Zweykampfe siegenden Hähne, die überwundenen treten. Die angestellten Hahnenkämpfe sind so viel wir wissen, über zweytausend Jahr alt, man kann also wohl mehreremal diesen Umstand bemerket haben, daher ist es leicht möglich daß zu den Zeiten, da man noch so wenig von der Naturgeschichte wußte, die Fabel von den Eyerlegen der Hähne, entstanden, wovon man geglaubt, daß aus dergleichen Eyern Basilisken, oder ganz wunderlich gestaltete Thiere hervorgebracht würden; heut zu Tage ist man aber nicht mehr so abergläubig, sondern untersucht die Sachen besser, als in den ältern Zeiten.

Der Eigenschaften die ein guter Haushahn besitzen muß, sind viel und mancherley, sie bestehen darin: daß er

1) einen vorzüglich geraden und stolzen Gang an sich haben muß.

2) Groß,

2) Groß, stark, lang von Körper, gesunder Natur und von muntern Betragen seyn.

3) Der lange Hals muß zierlich und natürlich gekrümmet seyn.

4) Der Kamm und der Bart, beyde von hochrother Farbe.

5) Die Augen aber ein feuriges, funkelndes Ansehen haben, und wenn

6) selbige der schönen Farbe der Federn nahe oder gar gleich kommen, so hält man einen solchen Hahn, für eine wahre Schöheit seines Geschlechts und für ein natürliches Zeichen, daß er von ächter Art sey. Hierunter achtet man nun wieder diejenigen für die Besten, die schwarz oder roth sind.

7) Muß der Schnabel etwas gebogen und stark, die Beine gesetzt und knochicht, die Spornen lang und scharf gespitzt, die Klauen aber kurz und stark seyn.

8) Die Ohren müssen weiß und breit seyn, und einen langen heruuterhängenden Bart haben.

9) Bey den Flügeln siehet man darauf, daß sie stark, und bey dem Schwanze, daß er erhaben und bis an dem Kopf übergebogen sey.

10) Im Krähen und bey dem Treten, stets munter sich zeigen, und gegen alle Feinde zum Kampf sogleich bereit seyn.

11) Muß er gerne bey seinen ihm untergebenen Hühnern bleiben, die er, damit sie bey ihm bleiben, durch seinen Ruf an sich locken und das Futter so er findet, mit ihnen theilen muß.

 Derje-

Denjenigen Hahn, der alle diese Eigenschaften besitzt, kann man immer für den besten, sowohl wenn er zur Zucht oder zum Kampfe bestimmt ist, halten. Wer viel Hühnereyer ausbrüten läßt, dem kann es nicht schwer fallen, sich aus dem Haufen diejenigen, die man hernach für die besten hält, auszusuchen, da die übrigen doch alle verkauft oder geschlachtet werden

Zwölf bis funfzehn Hühner ist die größte Zahl, die ein Hahn füglich bestreiten kann; sind es mehrere, so kann man die Eyer nicht sicher zum Bebrüten brauchen, weil sich manche unfruchtbare darunter befinden können; denn es ist bekannt, daß die Hühner auch ohne Zuthun des Hahns, Eyer legen, allein jeder weiß auch, daß ans dergleichen Eyer, nie ein Küchlein hervorkömmt und sie also völlig unfruchtbar sind. Ist also bey mehrern Hühnern nur ein Hahn, so muß sich dieser Vorfall, daß die Hühner unfruchtbare Eyer legen, nicht ein, sondern vielmal ereignen.

Die Haushähne vertreten auch die Stelle einer Uhr, zuweilen zum sehr großen Verdruß des schläfrigen Gesindes, denn sie haben die Gewohnheit an sich, öfters des Nachts zu krähen, gemeiniglich fangen sie damit um Zwey oder schon vor Zwey Uhr an, und wiederholen es von Zeit zu Zeit so lange, bis der Tag anbricht. Auch am Tage pflegen sie öfters zu krähen, und wenn sie sich hören können, gerne einer dem andern zu antworten, insonderheit aber geschiehet es am meisten, wenn sich das Wetter ändern will.

Es wird gesagt, daß, wenn man einem Hahne, einen Ring von Weinreben um den Hals lege, er alsdenn dann nicht krähen soll; die Ursache aber wird wohl seyn, wenn man ihm die Kehle so damit zusammen ziehet, daß es ihm alsdann nicht möglich ist.

Glaublicher ist es, wenn sie des Nachts ganz stille seyn sollen, daß man ihnen das vorderste Spitzchen von der Zunge abschneidet.

Wenn man bey der Auswahl der Hähne, zur Zucht, auf angezeigte Eigenschaften siehet, die sie, wenn sie gut seyn sollen, alle besitzen müssen, so wird sich ergeben, daß nicht alle dazu tauglich sind. Auch finden sich zuweilen einige, die weder die Hühner treten noch krähen, und unter dem Namen der Spießhähne bekannt sind, weil sie zu nichts anders als zum braten am Spieße, taugen.

Hat man nun diejenigen, die zur Zucht behalten werden sollen, ausgesucht, so können die andern alle, ehe sie völlig heran gewachsen sind, geschlachtet oder verkauft werden, oder man läßt sie auch in der Jugend verschneiden oder kappen; sie heißen alsdann nach dieser Operation, Kappaunen oder Kapphähne. In diesem Zustande erhalten sie die Eigenschaft, daß sie bey gehörigen Futter sehr leicht fett werden, und ihr Fleisch einen zarten, schönen Geschmack annimmt, ja Manche, um sie noch fetter zu machen, pflegen sie noch überdies zu stopfen.

Es wird dafür gehalten, daß die ganz weißen Hähne, das bestschmeckendste und zarteste Fleisch hätten. Die zum Schlachten bestimmte Hähne, müssen nie über ein Jahr alt werden, bis dahin ist ihr Fleisch fett, weich, verdaulich nnd folglich als gesund anzusehen, nachher aber wird es trocken, schmacklos und unverdaulich, und kann nur zum Kochen gebraucht

 werden;

werden; sind sie jedoch hierbey nur noch fett, so geben sie sehr schöne kräftige Brühen-Suppen für Gesunde und Kranke. Am allervorzüglichsten sind die jungen Hähne, wenn sie ohngefähr zwey Monate alt sind, alsdenn ist ihr Fleisch am zartesten, leichtesten und wohlschmeckendsten, man kann es zu dieser Zeit sehr füglich unter die Delikatessen rechnen.

Wenn zwey fremde Hähne zusammengebracht werden, so schlagen sie sich sogleich und werden nicht eher ruhig, als bis der eine von ihnen außer Stand gesetzt ist, sich ferner zu vertheidigen, oder entfliehet. Will man aber doch einen fremden Hahn zu den Hühnern bringen und sie zusammen gewöhnen, so ist dieses das beste Mittel dazu. Man nehme den neuen Hahn, binde ihn an dem einen Fuß fest, versammle alsdann alle Hühner um ihn her, und vertheidige ihn gegen die Angriffe, aller übrigen bereits gewöhnten Hähne. Wenn dieses einige Tage hintereinander geschehen, so gewöhnen sich seine Kameraden nach und nach daran, ihn zu dulden, die Hühner gesellen sich dann auch zu ihm.

Die Hähne sowohl als die Hühner, haben ein durchdringendes fernes Gesicht, und erstere besonders, warnen alle übrige sogleich durch ihr Geschrey vor der Gefahr, wenn sie auch in der größten Entfernung einen Raubvogel, oder sonst irgend etwas, ihnen widriges entdecken.

Sie sind von je her als ein Sinnbild der Wachsamkeit angesehen worden, daher man an so vielen Oertern, den Wetterfahnen auf den Thurmspitzen, hohen Gebäuden, Thoren u. s. w., die Gestalt der Hähne gegeben. Die Alten gebrauchten sie auch bey ihren Opfern, die sie den Götzen darbrachten, und besonders bediente man sich ihrer als eines Schlachtopfers, das man dem Aeskulap weihete, wenn Jemand von einer Krankheit wieder genesen war.

So viel vorläufig von den Hähnen insbesondere. Es ist dieses eigentlich darum zuerst angeführet worden, weil sie sich in Absicht ihrer Gestalt und übrigen Eigenschaften so sehr von den Hühnern unterscheiden, welches bey andern Vögelgeschlechtern, ein viel seltener Fall ist. Dasjenige was in der Folge gesagt werden wird, beziehet sich sowohl auf die Hähne als auch auf die Hühner, hauptsächlich aber und besonders auf die letztern.

Ueberhaupt ist wohl Indien das rechte Vaterland unserer Hühner, wo Dampier auf Pulo Condor, zuerst den wilden Stammhahn entdekte, der rothbraun an Forbe und sich durch seine flache hornigte Blätterchen an den Spitzen der Hals- und Flügelfedern, besonders auszeichnete. Der Haushahn hat sich so viel wir wissen, fast über die ganze Erde ausgebreitet, zwar sollen ihm die Spanier nach Amerika versetzt haben, allein bey den neueren Reisen in der Südsee, hat man ihm doch auch schon hin und wieder auf den Inseln, häufig gefunden, wo vor diesem wohl schwerlich, jemals Europäer gelandet sind.

Die Hühner lassen sich so leicht erhalten und fortpflanzen, daß man sie für das nützlichste Federvieh halten kann, dieserwegen findet man auf dem Lande selten oder wohl gar kein bewohntes Haus, worin nicht Hühner gehalten werden, sie sind aber auch dadurch eben so, wie die andern Hausthiere, auf eine sehr mannigfaltige Weise, ausgeartet, daß sie von ihren ersten Stammeltern sehr abweichen und viele Spielarten dadurch entstanden sind. Die gewöhnlichsten, die hier bey uns gefunden und gezogen werden, sind:

1) Die geschopften Hühner.
2) Die Straubhühner.
3) Die Japanischen Hühner.
4) Die Kluthühner.
5) Die Kruphühner.
6) Die Englischen Hühner und
7) unsere Hof- oder Bauerhühner.

Die zuerst genannte geschopften oder gehaubten Hühner, unterscheiden sich von den gemeinen, blos durch einen starken Federbusch, den sie auf dem Kopfe haben und durch den geringen Anwuchs des Kammes, dessen Kleinheit vermuthlich dadurch verursacht wird, daß die Menge der Federn auf dem Kopfe, diesem, die zum Wachsthum erforderlichen Säffte, entziehet. Die ganze Abart scheint dadurch entstanden zu seyn, weil sie so viele Liebhaber gefunden, die darauf so viel gehalten, sie sorgfältig gepflegt, erzogen und gewartet haben. Eben durch diese Wartung u. Sorgfalt, ist es geschehen, daß sie sich auch so mannigfaltig, in ihren Farben verändert haben, worin ihre Liebhaber bald mehr bald weniger Werth, setzen, nachdem sie glauben, daß sie allgemeiner oder seltener gefunden werden. Einige nennt man ihrer Farbe wegen, bald Gold- bald Silberhühner, einige sind weiß und haben schwarze Federbüsche, andere sind schwarz und haben weiße Federbüsche, wieder andere haben schieferfarbige, steinfarbige und vielerley andere Federn, oder

solche,

solche, die mit mehr als einer Farbe gezieret sind. Alle diese Abänderungen, sind indeß nichts weniger, als beständig, sondern verändern sich bey jeder Generation, und können folglich nicht als eine eigene Art, angesehen werden.

Uebrigens aber, unterscheiden sie sich nicht sehr von den gemeinen Haushühnern.

Die Zweyten sind die Straubhähne oder Hühner, zuweilen nennet man sie auch Kraushühner.

Ursprünglich gehören sie in Ostindien zu Hause, von da wurden sie nach Europa gebracht.

Diese haben ein ganz besonderes Ansehen, welches durch die rückwärts gesträubten Federn verursacht wird. Die verkehrt stehenden und von einander entfernten Federn, ingleichen ihre Empfindlichkeit gegen die Kälte, und die Weichlichkeit der jungen, geben deutlich zu erkennen, daß ein so warmes Land, als dieses, ihr Vaterland seyn müsse.

Nicht allein die Federn am Körper, sonden auch die an den Flügeln und andern Theilen des Körpers, kehren sich um und stehen von einander ab, zwischen den aber noch eine Art wolligter Federn, gewachsen sind. Da auch die Federn im Nacken und auf dem Kopfe, ebenfalls verkehrt stehen, so bildet sich dadurch auf dem Kopfe ein Federbusch oder Haube, die wegen ihrer Krümme sich öfters bis auf den Schnabel zurück bieget.

Viele haben Schwänze, es giebt aber auch andere, die keinen haben, dagegen sind deren Hälse auch wieder länger. Die Haut am Kopfe ist bey allen blaß und roth von Farbe.

Zuweilen werden sie auch frieslåndische oder frisirte Hühner genannt. Sie werden manchmal auch von andern, die nicht Liebhaber davon sind, gehalten, weil man glaubt, daß sie die Måuse vertreiben sollen.

Drittens. Die japanischen Hühner, haben ihren Namen von diesem ihrem eigentlichen Vaterlande, obschon sie auch in China und andern diesem nahe gelegenen Låndern, anzutreffen sind. Man nennt sie auch ihrer besondern Federn wegen, das Wollhuhn. Die Federn derselben sind weiß und deren Bårte gleichen sehr den Haren, die Füße, die bis an die äussern Zehen befiedert sind, stehen vorwårts. Die Håhne davon sind muthig und sehr tapfer, bey ihren Kåmpfen. Wegen ihrer wolligten Federn, ist vermuthlich die Fabel entstanden, daß sie auch durch Vermischung der Kaninchen mit einer Henne, entstanden.

Viertens. Die Kluthühner, Klumphühner, ungeschwånzte persische Hühner oder auch wohl virginische Hühner. Wenn es Wahrheit ist, was die Einwohner Virginiens behaupten, daß ihre Hühner, davon die meisten keine Schwånze haben, aus England herstammen, die dahin gebrachten Hühner, aber nach und nach alle ihre Schwånze verlieren sollen, so müßten sie eher virginische als persische Hühner, genannt werden. Die Alten kannten diese Race von Hühnern nicht; erst nach der Entdeckung von Amerika, sind sie uns bekannt geworden.

Außer daß ihnen die Schwungfedern und der Schwanz fehlet, unterscheiden sie sich auch noch daran, daß sie keinen Federbusch, aber statt dessen, bald

einen

einen einfachen, bald einen doppelten Kamm auf dem Kopfe haben. In Absicht der Federn hat man sie weiß und von allerley andern Farben, die Schnäbel und Füße aber, sind stets blau. Man will versichern, daß die Kluthähne sich mit unsern gemeinen Hühnern vermischen, davon Bastarte entstünden, die nur einem halben Bürzel und anstatt zwölf langer Federn im Schwanze, nur sechs hätten, welches aber noch erst erwiesen werden muß.

Fünftens. Die Kruphühner, englische Zwerghühner, gestiefelte rauchfüßige Hühner rc., haben Füße welche auswärts mit Federn besetzt sind, an den Schenkeln aber so lang werden, daß sie wie Stiefeln aussehen und über den Knöchel herab reichen. Sie haben rothe Augenringe, und die Hähne sind so muthig daß sie sich mit andern, die viel größer als sie selbst sind, in den Kampf einlassen und sich mit der größten Hitze vertheidigen. Man hat noch mehrere rauchfüßige Hühner, die aber hier bey uns schon selten sind, als eine große und eine kleine Art, beyde aus England, ferner eine Zwergart, die nicht größer als eine Holztaube und niedlich sind, noch eine kleinere Art als unsere gemeinen Hühner, welche unter dem Namen, weiße siamische Hühner, bekannt sind.

Sechstens. Die englischen Hühner, diese unterscheiden sich von gemeinen, hauptsächlich durch ihre Größe, worin sie die unsrigen sehr übertreffen, und durch ihren schönen Federbusch, womit ihr Kopf gezieret, der ihnen aber oft nachtheilig wird, und die Augen bedecket, wenn die Federn zu groß werden. Hals und Schnabel sind an dem Hahn freyer, und

über

über der Nase trägt er zu beyden Seiten ein Fleischknötchen, welches so roth als der Kamm ist.

Siebentens. Unsere gemeine Haus- oder Hofhühner, Bauerhühner u. s. w. So wie alle übrige Gattungen ihres Geschlechts, eben so haben diese auch einem fleischernen Kamm, auf der Stirn einen doppelten Kehllappen und einem in die Höhe gebogenen Schwanz. An beyden Geschlechtern findet man die Nase an beyden Seiten des Kopfes und unter jeden Ohr ein weißes Häutchen, und an den Füßen vier Zehen, nämlich drey nach vorne und einem nach hinten. Als was besonders, den Hühnern eigenes, hat man bemerket daß bey ihnen aus jeder Scheide, doppelte Federn hervorkommen. Im Schwanze haben sie vierzehn Ruderfedern, die sich in zwey gegeneinander liegende Reihen theilen, und an ihrem obern Rande in einen bald spitzigern, bald stumpfen Winkel zusammenstoßen.

Der Hahn ist sehr leicht von den Hühnern zu unterscheiden, wenn seine Federfarben auch noch so sehr verschieden sind. Das erste was einen hierbey in die Augen fällt, sind eine Anzahl langer Federn im Schwanze, wovon die beyden mittelsten noch weit länger als die übrigen sind, und sich in einem Bogen nach hinten herüber biegen. Auch am Halse haben die Hähne viel lange und schmale Federn, die man an den Hühnern nicht findet. Die Hähne sind mit langen, scharfen Spornen versehen, die bey den Hühnern lange nicht so groß sind. Zwar giebt es allerdings auch Hühner deren Füße damit bewaffnet sind, aber höchst selten; dergleichen gespornte Hühner sind in mehrern Stücken den Hähnen ähnlich. Ihr

Kamm

Kamm erhebt sich eben so wie der Schwanz, und sie pflegen beynahe wie die Hähne zu krähen, oder wenigstens in den wesentlichen Stücken, ihnen ebenfalls nachzuahmen, viele wollen sie deshalb als Zwitter ansehen, eigentlich aber sind es fehlerhafte, unausgebildete Hühner, die sich weder ihres Geschlechts bedienen, noch fortpflanzen können.

Die Hühner haben zwar auch Kämme, sie sind aber bey weiten nicht so groß, drüsigt oder strotzend als bey den Hähnen. Die Hähne haben fast immer einen weit schönern Farbenschmuck in den Federn, als die Hühner, und mancher ist am ganzen Körper mit so glänzenden rothbraunen Federn, wie der Fasan, und im Schwanze mit den schönsten grün und blau schillernden Federn gezieret. Ueberhaupt zeichnen sich die Hähne besonders durch die Schönheit ihres Wuchses, durch ihren stolzen Gang, durch ihre langen Spornen, durch den fleischitgen eingezackten glänzend rothen Kamm, durch die Mannigfaltigkeit ihrer Federn ꝛc., sehr aus. Wenn der Hahn schläft, sitzt er nur auf einem Fuß, den andern ziehet er in die Höhe, dem Kopf aber steckt er auf derselben Seite, da er den Fuß aufgehoben hat, unter den Flügel. Auch am Tage haben sie die Gewohnheit, öfters auf einem Fuße zu stehen, und dann den andern auszuruhen.

Hat man verschiedene Arten Hühner auf seinem Hofe, und will sie gerne alle erhalten, ohne daß sie sich mit den übrigen Arten vermischen sollen, so muß man durchaus die Hähne und Hühner von einer jeden Art, besonders einsperren. Es schadet ihnen solches nicht, wenn sie solchergestalt Tag und Nacht eingesperrt

gesperrt sind; der Hahn wird sich deßfalls nichts desto weniger mit der Henne abgeben, und diese, fruchtbare Eyer legen. Hat man demnach mehrere Arten, die man gerne erhalten will, so ist kein ander Mittel als für eine jede, einem besondern Stall oder Behältniß, zu machen, worin man sie von den andern abgesondert, allein einsperren kann, unterläßt man dieses, so darf man nicht darauf rechnen, dieselben Arten die man einmal hat, lange zu behalten, denn der Hahn sucht sein Vergnügen, mehr in freyer Luft, als im Stalle; wird nun dieser geöffnet, so läuft er für Freuden gleich auf die Hühner zu, sie seyn von welcher Art sie wollen, verfolgt und unterwirft sie, daher denn natürlicherweise die Nachkömmlinge bald ausarten müssen.

Die erstaunlich starke Verdauungskraft des Magens bey den Hühnern, besitzen beyde Geschlechter, die Hähne und Hühner im gleichen Grade, vermöge derselben sind sie im Stande, Metalle, kleine Steine und dergleichen Dinge mehr, ohne Schaden zu verdauen.

Man wird sich aber in etwas weniger darüber verwundern, wenn man die innere Magenhaut näher betrachtet, und dann findet, daß sie sehr dick und von einer Substanz ist, die dem Horne gleichet und also wohl die Gegenwirkung, dergleichen harten Körpern Widerstand leistet. Der Sache gemäß müßte diese Haut, mit der Zeit wohl abnehmen und dünne werden, da die Erfahrung aber lehrt, daß dieses nicht geschiehet, so ist es nicht zweifelhaft, daß diese Haut von der Natur immer wieder hergestellt werde.

Weil

Weil diese Verdauungskraft so unbegreiflich stark ist, so hat man bald Versuche angestellt, um zu sehen wie weit selbige gehe. Zu dem Ende, hat man einem Huhne eine gläserne Kugel, die so dick von Glas war, daß sie ein vier Pfundgewicht ohne zu zerbrechen, tragen konnte, eingesteckt, diese war nach vier Stunden in einen klaren Staub verwandelt. Kleine Glasröhren, die vier Linien im Durchmesser hielten, waren nach acht und vierzig Stunden, der Länge nach, in zwey halbe Rinnen zertheilet, alle deren spitzige und schneidende Theile abgestumpfet und an den convexen Theilen aller Glanz abgerieben. Man hat ihnen mehr wie eine Mandel Haselnüsse eingesteckt, nach vier und zwanzig Stunden waren sie alle gänzlich zermalmet, selbst blecherne Röhren werden in den Magen zusammengedrückt, messingene Knöpfe oder Kugeln können dessen Wirksamkeit nicht widerstehen, und verlieren sich zuletzt in Nichts.

Einige stellen sich vor daß diese unglaubliche Verdauungskraft, von einem im Magen vorhandenen Saffte herrühre, es ist aber viel wahrscheinlicher, daß die Wircksamkeit des Magens die Ursach davon ist, die dadurch noch vermehret und erhalten wird, daß die Vögel seine Höhlung durch Verschluckung kleiner Steinchen und dergleichen Dinge, so viel wie möglich angefüllt, zu erhalten suchen.

Es wird dieses dadurch bis zur Gewißheit bestätiget, daß, je weniger Futter man in dem Magen findet, in desto grösserer Menge findet man dergleichen fremde unverdauliche Dinge. Am allergewißesten aber ist es wohl, daß außer der Wirckung der vier starken Muskeln des Magens, auch ein gewisser

 schärfer,

scharfer, saurer, in dem Magen befindlicher Saft, das seinige dazu mit beyträgt, die Verdauung des Futters zu vollenden.

Wenn die Hühner fressen, so kömmt das Futter nicht sogleich in den Magen, sondern erst in den Kropf, oder einen häutigen Beutel, worin es zuerst erweicht wird. Aus diesem gelangt es in den, zwischen dem Kropf und dem Magen, befindlichen Kanal, welcher mit einer Menge kleiner Drüsen besetzt ist, die einem Saft von sich geben, der sich mit dem Futter vermischet, dasselbe noch mehr erweichet, damit zugleich in den Magen kömmt und daselbst die Verdauung befördert.

Das Saufen der Hühner geschiehet auf die Art, daß sie den Schnabel voll Wasser nehmen, den Kopf in die Höhe halten, um es hinunter zu schlucken.

Das Athemhohlen verrichten sie vermittelst der Lunge und zehen Luftzellchen, wovon achte in der Brust sind und unmittelbar mit der Lunge in Verbindung stehen, zwey größere aber in Unterleibe, die mit den acht vorhergehenden Gemeinschaft haben.

Die Länge des Darmkanals übertrifft fünfmal die Länge des ganzen Thieres, von der Spitze des Schnabels an, bis zum After. Der Mastdarm erweitert sich an seinem äußern Ende, und bildet daselbst ein Behältniß, die Kloak genannt, in welches die festen und flüßigen Auswürfe abgesondert werden, und ohne vorhergegangene gänzliche Vermischung, auf einmal abgehen. In derselben Gegend befinden sich die Geschlechtstheile, sowohl der Hähne als der Hühner, wobey zu bemerken, daß sie bey den letztern

ihre

ihre Lage über der Auswurfsöffnung haben, und also umgekehrt wie man es bey den vierfüßigen Thieren findet.

Das Mausen oder Verlieren der Federn, ist dem Hühnergeschlecht so eigen, wie allen übrigen Flügelwerke. Die Zeit über, daß sie auf solche Art die Federn verlieren, dauert an sechs bis acht Wochen und geschiehet bey den alten, mehrentheils gegen das Ende des Herbstes, während dessen sie auch keine Eyer legen.

Die jungen Hühner sind denselben besonders unterworfen, wenn sie noch ganz klein sind. Sie sind alsdenn betrübt und traurig; ihre Federn werden rauh, die Federn am Bauche schütteln sie oft von einer Seite zur andern, um sie fallen zu lassen, und ziehen sich dieselben mit dem Schnabel aus, indem sie sich die Haut kratzen. Sie fressen sehr wenig, einige sterben sogar davon, besonders diejenigen, die sich damit verspäten und ihre Federn nicht eher als im September und Oktober, da die kalten Winde wehen, verändern. Dahingegen diejenigen, die diese Veränderung gegen Ende des Julius vornehmen, fast immer gut davon kommen, weil die Wärme alsdenn viel dazu beyträgt, daß die alten Federn leichter abfallen und die neuen geschwinder wieder hervorkommen. Diese verlieren sogar nicht alle Federn, und diejenigen, die das erste Jahr nicht abfallen, fallen das folgende Jahr aus.

Den Zufällen und Gefahren, die sich zuweilen bey den Mausen ereignen, so viel wie möglich zuvor zu kommen, lasse man die Hühner bey guter Zeit auffliegen, und wegen der Kälte gebe man nicht zu,

 daß

daß sie des Morgens zu früh, aus dem Stall gelassen werden. Unter das Futter kann öfters Hirse und Hanfsamen gemischt, und in dem Wasser was ihnen zum Saufen hingesetzt wird, etwas Zucker aufgelös't werden. Die Federn kann man ihnen zuweilen mit Wein benetzen oder mit Wasser, das man im Munde hat lauligt werden lassen, besprengen.

Die Hähne sowohl als die Hühner, welche zur Fortsetzung ihres Geschlechts dienen sollen, müssen beyderseits von guter gesunder Art seyn, wenn man eine gute Zucht davon anlegen will.

Ein zur Zucht tüchtiger Hahn, muß feurige Augen und einem stolzen Gang haben, in seinen Bewegungen Lebhaftigkeit zeigen und alle Theile seines Körpers in solchen Verhältnisse stehen, daß man daraus auf seine Stärcke schließen kann. Hat er diese Eigenschaften, so sind ihm sicher zwölf bis funfzehn Hühner anzuvertrauen, mehr aber nicht; diese ihm untergebene Hühner muß er wie ein Held gegen alle Beleidiger und Feinde zu vertheidigen trachten, und eben so wenig einem Mitbuhler bey ihnen dulden. Meint er es mit seinen Hühnern recht gut, so muß er sie öfters rufen und alle Körner oder Würmer die er findet, mit ihnen theilen. Nahen sie sich aus Liebe zu einer Henne, so haben sie die Eigenheit an sich, daß sie dem einen Flügel herunter hängen und an der Erde streifen lassen, während dessen sie bey einem besondern Geschrey mit dem einen Fuß daran schlagen und so in einem halben Kreise um die Henne herumgehen.

Die

Die Stimme des Hahnes ist sehr verschieden, nachdem er dieses oder jenes zu erkennen geben will. Anders ist sie, wenn er seine Hühner ruft und das Gefundene mittheilen will, anders, wenn er Gefahr entdeckt und sie warnet, wieder anders, wenn er sie verloren und wieder zusammen ruft, hieraus läßt sich leicht ersehen, daß er durch seine Stimme und und Mienen, seine Meinung seinen Hühnern mittheilen kann.

Man sagt, daß die Hähne mit einfachen Kämmen, zur Zucht besser seyn sollen, als die mit doppelten, welches aber noch nicht so ganz erwiesen ist.

Einen Hahn der zur Zucht gebraucht wird, läßt man nicht gerne über zwey Jahr alt werden, weil ihm dann gemeiniglich die Spornen zu lang wachsen, wovon das Huhn auf den Rücken bey dem Treten, leicht verwundet wird.

Die Hühner sind insgesammt durch die Länge der Zeit, so einheimisch und an unser häusliches Leben gewöhnet worden, daß sie stets an der Erde bleiben, und sich selten anders ihrer Flügel bedienen als wenn sie suchen einer Gefahr zu entgehen, oder von Menschen oder Thieren verfolgt, ihre Zuflucht auf Bäume oder Dächer nehmen, wohin sie mit großen widrigem Geschrey hinfliegen. Ist die Gefahr vorüber und sie sehen nur erst ihren Führer dem Hahn, so kommen sie auch gleich wieder zur Erde herunter.

Sind Hähne und Hühner völlig ausgewachsen, so macht es zuweilen schon Schwierigkeit ihr Alter zu erkennen. Das sicherste Kennzeichen der Jugend findet man bey beyden an dem Kamm und an den Füßen; sind beyde weich, so ist man gewiß daß sie noch jung

 sind,

sind; sind sie aber rauch und hart, so darf man nicht zweifeln, daß sie schon alt sind.

Ist man Willens, seinen Hof mit Hühnern zu besetzen, so kömmt es darauf an, ob man eine reine Art haben will, oder ob man Abänderungen sucht, oder ob man die Gattungen vollkommen machen will, in beyden letztern Fällen müssen alsdenn verschiedene Arten zusammengebracht werden. In allen Fällen aber müssten die zur Zucht bestimmten Hühner, nur von mittlerer Grösse seyn, einen hohen und dicken Kopf, einen rothen nach der Seite hängenden Kamm, muntre, wachsame Augen, starken Hals, breite Brust, starken und gesetzten Leib, dunkelgelbe Füße, keine Spornen, schwarze Federn, die auch rothbräunlich, dunkelroth oder auch schwarz und weiß geäpfelt sind, haben.

Man hält die schwarzen und die von eben angeführten Farben für dauerhafter als die weißen; auch von den Raubvögeln haben sie nicht so viel zu befürchten als diese, da sie von denselben nicht so leicht bemerkt werden können. Wenn es aber auf das Fleisch, dessen Zartheit und Wohlgeschmack ankömmt, so verdienen die weißen, mit weißen Füßen und Schnäbeln, immer den Vorzug vor jenen.

Hühner, die so lange Spornen wie die Hähne an den Füßen haben, taugen gar nicht zur Zucht, sie sind gemeiniglich von Natur wild, und zerbrechen mit ihren Spornen, die mehreste Zeit, die Eyer. Ihres unruhigen Temperaments wegen, haben sie selten beym Brüten so lange Geduld, bis die Eyer auskommen; wenn ihnen daher die Zeit zu lang dauert, zerbre=

zerbrechen sie gern die Eyer und fressen sie aus, um nur wieder vom Neste zu kommen.

Es giebt eine andere Art schlechter Hühner, die eben so krätzen, krähen und locken wie die Hähne, diese haben die mehreste Zeit einen Fehler am Eyerstocke, legen nur kleine Eyer, so gar welche die keine Dotter haben; diese taugen gleichfalls nicht zur Zucht.

Ferner sind die alten die über vier Jahr alt sind, und weder brüten noch legen können; auch diejenigen, die bösartig, hartnäckig oder zänkisch sind, weil sie fast niemals legen, sondern ihre Nester, wenn sie brüten, verlassen, und ihre Eyer zerbrechen; auch diejenigen, die zu fett sind, weil sie nicht mehr legen, mit einem Worte, alle diejenigen, die nicht brüten wollen, die ihre Eyer verderben, sie zerbrechen oder sie auffressen, zur Zucht nichts nutze, sondern allein zum Schlachten. Hat man nicht schon selbst Zuchthühner, und will sich erst welche kaufen, so hüte man sich sehr vor alten.

Da es bekannt ist, daß die jungen Hühner nicht so große Spornen haben als die alten, so wissen betrügerische Federviehhändler die großen Spornen so niedlich zu beschneiden und abzuschaben, daß die Käufer, wenn sie dieses nicht genau untersuchen, sehr leicht hintergangen werden können.

Ein Huhn kann mehrere Jahre leben, allein über vier Jahr muß man sie nicht alt werden lassen; so lange dienen sie noch als eine nahrhafte Speise, sind sie aber älter, so ist ihr Fleisch zähe und hat wenig appetitliches an sich.

Die Hühner fressen alle sehr gern Kalk, dieses kann man fast alle Tage auf jedem Hofe sehen, wo Hühner gehalten werden, sie gehn daselbst öfters an den Wänden herum und picken mit ihren Schnäbeln den Kalk los. Die Hähne thun solches nicht, sondern nur allein die Hühner. Sie thun dieses wenn sie auch Futter vollauf bekommen und Würmer genug und im Ueberfluß haben. Alle thun es nicht, und die ihn fressen, thun es auch nicht immer. Die Ursach hievon läßt sich leicht errathen, sie fressen den Kalk eben deßwegen, weshalb sie öfters so lüstern nach den Eyerschalen, die ebenfalls nichts als eine Kalkerde sind, und dieses rühret daher: zur Entstehung der Eyerschalen gehöret viel dergleichen Kalkerde; wenn nun die Hühner Eyer legen, so sind manche darunter, die es bey sich fühlen, daß sie nicht selbst soviel Vorrath von Kalkwesen bey sich haben, als zur Entstehung der Schalen an ihren zu legenden Eyern erforderlich ist. Fehlt ihnen dieses zuweilen, so legen sie die unvollkommnen so bekannten Windeyer, die keine Schale haben und wo das Inwendige nur mit einer dünnen Haut bedecket ist. Hieraus ist demnach zu sehen, warum die Hühner so gern Kalk fressen, ein besonderer Trieb, der nur ihnen in die Natur gelegt worden, wovon der Hahn nichts weiß und die Henne doch fühlen muß.

Die Hühner kommen in allen Gegenden der Erde, sowohl in dem kalten Island als in dem heißen Indien fort, jedoch erfordern sie in den ganz kalten Ländern, die menschliche Aufsicht und Wartung, die sie aber in den warmen füglich entbehren und sich allein

allein forthelfen können, daher, weil sie in letztern so leicht und wohlfeil zu erhalten, sie auch in ungemeiner Anzahl angetroffen werden. Es ist demnach kein Wunder daß so wie diese Thiere, sich von ihrem eigentlichen Vaterlande entfernet, und durch die Menschen über die ganze Erde verbreitet worden, auch sich durch Veränderung dieses oder jenen Himmelstriches und der abgeänderten Nahrung, in verschiedene Arten ausgearret haben und wovon ebenfalls unsere verschiedenen Hühnergattungen entstanden sind.

Die Hähne und Hühner brauchen beyde ein Jahr bis funfzehn Monate zu ihrem völligen Wachsthum; dieser erfolget, nachdem sie früher oder später ausgebrütet worden. Beyde Geschlechter aber warten nicht gern so lange, sondern die Hähne fangen schon im fünften oder sechsten Monat an die Hühner zu suchen und zu treten, die Hühner aber machen öfters, schon in eben diesem Alter den Anfang mit Eyer legen.

Bey vierfüßigen Thieren hat man bemerket, daß die Dauer ihrer Lebenszeit siebenmal so lang sey, als die Zeit, die sie zu ihrem Wachsthum nöthig haben. Wäre dieses eben der Fall bey den Vögeln, so würden unsre Hühner ohngefähr sieben bis acht Jahre alt werden, die Erfahrung aber lehret es täglich, daß sie ein viel höheres Lebensziel erreichen.

Man hat Hähne gehabt, die über zwanzig Jahr alt geworden, die aber in ihrer völligen Freyheit, wohl das dreyßigste erreicht haben würden. Es ist eine große Seltenheit, wenn wir ja einen Hahn oder

Henne so lange leben lassen, bis sie eines natürlichen Todes sterben; die allerwenigsten lassen wir das volle Lebensjahr erreichen denn den allermehrsten wird schon weit früher das Leben genommen.

Beyde Geschlechter, wenn sie zur Zucht gebraucht werden, erschöpfen sich sehr bald, und wenn das bemerkt wird, schlachtet man sie gern oder verkauft sie, es wird ihnen also nicht erlaubt, die ihnen von der Natur bestimmte Lebenszeit zu durchleben. Sonst sagt man noch von den Hühnern in Absicht ihres Alters, daß die jungen mehr Eyer legen, die alten aber besser brüten.

Das nöthigste und erste wofür man bey einer anzulegenden Hühnerzucht sorgen muß, ist ein gutes, vor großer Kälte und großer Hitze gesichertes, geräumiges Hühnerhaus. Nach Anzahl der Stücke muß es hiulänglich geräumig seyn, und weil sich in dem Miste sehr gern Ungezieser, besonders Flöhe einnisten, die eine große Plage der Hühner sind, so darf derselbe nicht lange darin liegen, sondern muß öfters fortgeschafft werden, damit er sich nicht anhäufe, wenigstens sollte diese Reinigung alle Woche geschehen. Nach jedem Ausmisten kann man rein ausfegen und den Boden mit Sand bestreuen lassen, auch wohl den Stall mit Thymian räuchern, welches nicht allein die Gesundheit der Hühner erhält, sondeen auch noch das Ungeziefer abhält, daß es sich nicht so stark vermehret. Außerdem macht man innerhalb des Hühnerhauses hin und wieder Stangen fest, worauf sich die Hühner setzen und schlafen können, oder stellet schräge Stangen an die Wand, woran nach Art der Leitern, in gewissen Entfernungen,

nungen, dünne Latten zu eben dem Behuf, angenagelt sind. Wenn diese Latten rund gehobelt sind, so ist es den Hühnern beschwerlich, sich, wenn sie schlafen, fest zu halten, daß sie nicht herunter fallen; sicher und ruhiger können sie sitzen, wenn dieselben etwas viereckigt gelassen und nur die scharfen Kanten abgestoßen werden.

In Städten, wo die Hühner nur auf einem kleinen Bezirk herumzulaufen, die Freyheit haben, und wo noch obendrein diese öfters mit Steinen gepflastert sind, daß die Hühner nicht in die Erde scharren und kratzen können, da ist hauptsächlich nöthig, daß man in dem Hühnerhause, noch von Brettern einen besondern Verschlag machen lasse, der mit trocknen Sand angefüllt wird. Er dienet dazu, daß sich die Hühner zu Zeiten wenn sie Lust haben, darin baden können. Ihr Naturtrieb treibt sie dazu von selbst an, um ihre Federn und Haut gesund zu erhalten, zugleich sich aber auch der Läuse und Flöhe zu entledigen. Am besten ist hierzu der Stubensand, weil sie darin beym Kratzen noch manches Körnchen finden, er muß aber nicht naß, vielweniger aber mit allerhand fremden Dingen oder gar schädlichen Sachen vermischt seyn.

Unten herum in dem Stall macht man die Nester zum Legen oder Brüten, diese können am besten aus Stroh oder Weiden, in Gestalt großer Schüsseln geflochten werden, diese füttert man mit Stroh, noch besser aber mit Heu, aus, damit die Hühner mit aller Bequemlichkeit darin ihre Eyer legen oder bebrüten können.

Die Wände müssen alle mit Kalk getüncht und von innen und außen geweißt seyn. Besonders aber ist

darauf

darauf zu sehen, daß Thüren, Wände, Fenster und alle Winkel so dicht und fest sind, daß kein Wiesel, Iltis oder anderes Raubthier, bey aller seiner Geschicklichkeit hinein kommen kann.

Eine nothwendige Sache ist es auch, daß in einer Wand ein Fenster vorhanden sey, wodurch das Licht hineinkommen und die Hühner sehen können. Aus Vorsicht gegen Raubthiere, kann es mit einem geflochtenen Drahtgitter versehen werden, auch verschafft es die Bequemlichkeit, daß das Fenster im Sommer ausgehoben und im Winter wieder eingesetzt werden kann.

Die Thüre des Hühnerstalles muß besonders stark und festschließend gemacht seyn, sonst würde sie dem Nagen und Eindringen der Raubthiere, nicht genug wiederstehen können, daher man sie denn auch mit einem guten Schloß und allenfalls mit Riegeln versehen muß.

Diese Thüre muß immer, außer wenn es die Umstände erfordern, verschlossen bleiben, damit aber die Hühner dennoch zu allen Zeiten aus- und eingehen können, muß in derselben ein Loch, so groß, daß die Hühner ganz bequem hindurch kommen können, geschnitten seyn, oder man macht ein dergleichen an irgend einem Orte in die Wand, jedoch etwa drey bis vier Fuß hoch über der Erde, welches man mit einem starken Schieber versiehet, diesen öffnet man des Morgens und schließt ihn des Abends, sobald alle Hühner in den Stall hinein sind, wieder zu; um ihnen aber das Hinauf- und Heruntersteigen bequem zu machen, kann auch sowohl innerhalb als außerhalb eine kleine Leiter oder Steige, angebracht werden.

Was

Was die Größe des Stalles anbelangt, so rechnet man, daß zu jeden Huhne, ein und ein Viertel Quadratfuß, also zu sechzig Hühnern, ein Raum von 75 Quadratfuß erfordert werden. Kann er so angebracht werden, daß er an einem Backofen oder zwischen andere Ställe zu liegen kömmt, so ist es desto besser, besonders im Winter. An vielen Orten befinden sich die Hühnerbehältnisse auf Böden oder über andere Ställe, das würde ihnen auch nichts schaden, wenn sie nur vor Kälte, Hitze und Nässe, geschützt werden, auch der Zugang der Menschen, und Hühnern nicht beschwerlich ist. Wäre man in den Fall, daß man keine andere Gelegenheit zu einem Hühnerhause, als solche erhabene hätte, so ist es eine Hauptsache es so einzurichten, daß der Zugang soviel als möglich erleichtert werde, welches zumal sehr nöthig ist wenn die Hühner stark legen oder beym Brüten begriffen sind.

Haben die Hühner in der Nähe ihres Stalles kein frisches Wasser, so muß nothwendig vor denselben ein Trog angebracht werden, worin ihnen täglich frisches und reines Wasser gegossen werden kann. Neben denselben kann alsdenn noch ein anderer Trog gesetzt werden, worin man ihnen das jedesmal bestimmte tägliche Futter giebet. Hierdurch werden sie sich desto eher und beständiger an ihren Stall gewöhnen, zur rechten Zeit einfinden, sich nicht so leicht verlaufen, die Eyer anderswohin vertragen oder sich gar zum Brüten nach abgesonderte, versteckte Oerter hin begeben.

Sie haben es ungemein gern, wenn in der Nähe ihres Stalles ein Misthaufen befindlich ist, wohin sie gleich

gleich laufen, wenn sie herausgelassen werden, um darin zu scharren und Würmer, besonders die im Sommer häufig hierin befindlichen Fliegenmaden zu suchen. Obgleich die Hühner körnerfressende Thiere sind, so sind sie doch von dergleichen Gewürme ausserordentliche Liebhaber und diese bekommen ihn auch so wohl, daß, wenn sie solche häufig genug genießen, sie ungemein davon zunehmen.

Viele Hühnerliebhaber, die dergleichen Gelegenheit nicht haben, sind dadurch bewogen worden, künstliche Mistgruben anzulegen und sie so zuzubereiten, daß sich darin allerley Insekten, Maden und dergleichen häufig versammeln und erzeugen, damit die Hühner einen steten Vorrath finden. Die Anlegung einer solchen Mistgrube wird vom Herrn Bucholz also beschrieben.

Man nimmt verfaulten oder gebrannten Mist, und füllt damit ein in der Erde gegrabenes Loch, welches eigentlich abhängend angelegt werden muß, damit das Wasser nicht darin stehen bleibe, man besprengt solches mit Ochsenblut, wirft Hafer darauf und mischt alles mit einer Harke oder Rechen wohl durcheinander; dieser gebrannte Mist wird bald voller Würmer werden, die eine besondere Kraft haben das Federvieh fett zu machen, man öffnet diesen Wurmhaufen und läßt die Hühner nicht eher darin kratzen, als bis die Würmer anfangen darin zu wimmeln.

Man öffnet nur einen Ort, um mit drey oder vier Schaufelstichen so viel Würmer herauszubringen, als man dem Federvieh preis zu geben gedenket; man macht diese Wurmhaufen im Sommer und bedienet sich ihrer im Winter. Um sie im Stande zu halten, bedecket

bedecket man sie mit großen Dornbüschen und starken Steinen darauf, und um die Erzeugung der Würmer zu befördern, vermischt man den Mist mit Gedärmen von Schafen, Rindern ꝛc.

Andern hingegen wollen dergleichen eingerichtete Wurmhaufen gar nicht gefallen, weil sie mancherley Unbequemlichkeiten dabey finden. Sie behaupten daß die jungen Hühner, die sich davon ernähren, einen schlechten Geschmack bekommen, ihr Fleisch beständig nach dem Eingeweide rieche und selbst die Eyer einem unangenehmen Geschmack annehmen sollen, wenn man sich aber doch dieser Wurmhaufen bedienen wolle, solle man das Federvieh vierzehn Tage oder drey Wochen vor dem Schlachten, blos allein mit anderm Futter erhalten.

Im Winter sitzen die Hühner gern warm, insonderheit ist ihnen ein warmes Nachtlager sehr angenehm, hierin kömmt ihnen denn ein warmer gut verschlossener Stall zu statten. Ist hoher Schnee so muß man sie füttern, denn sie können sich unter denselben kein Futter hervorsuchen, uud da ihnen ohnehin derselbe sehr die Augen zu blenden pflegt, daß sie nicht wissen wo sie hinlaufen, so muß man sie zu solcher Zeit lieber gar nicht herauslassen, außer wenn hier und da bloße Flecke sind, wo kein Schnee liegt. Ist der Schnee tief, so sinken sie mit ihren Füßen leicht ein, und wenn sie denn auf keinen festen Grund zu stehen kommen, erschrecken sie und werden wild, fliegen mit großen Geschrey umher, und man hat Mühe sie wieder zusammen zu bringen.

Ein in der Nähe des Hühnerhauses stehender Baum, ist gleichfalls eine nützliche Sache, er giebt den

Hühnern im Sommer nicht allein Schatten, sondern hält auch ihren Stall kühl und schützt sie einigermaßen vor den Raubvögeln.

Wenn die Hühner saufen so geschiehet es auf die Art, sie nehmen den Schnabel voll Wasser, heben denn den Kopf in die Höhe und lassen es dann so mit Schlucken herunter gehen. Wasser das durch Mist zusammengelaufen oder durch allerley hineingefallene Dinge, grün oder faul geworden, überhaupt alles unreine Wasser, ist ihnen so wie andern Thieren schädlich und von nachtheiligen Folgen, so daß man öfters nicht weiß wovon diese oder jene ihnen schädliche Krankheit womit sie befallen werden, oder daran sterben, herrühret. Wenn sie nicht stets frisches Wasser finden können wenn ihnen durstet, so muß man ihnen in hingestellten Trögen oder andern Gefäßen, dergleichen vorräthig halten. Das Wasser würde ihnen aber auch hierin schädlich werden, wenn man es immer eintrocknen lassen wollte, nicht täglich frisch eingießen, oder die Tröge rc. nicht immer rein machte, denn alles dieses befördert das Faulwerden des Wassers. In hölzernen Gefäßen verdirbt das Wasser am allerersten, es ist daher viel besser wenn man es ihnen in irdenen oder steinernen hinstellet, worin es auch länger frisch bleibet, zumal wenn das nöthige, tägliche Reinmachen nicht verabsäumet wird. Der erste schlimme Zufall der den Hühnern begegnet, wenn sie faules, schleimiges und verdorbenes Wasser haben, ist, daß ihnen die Nasen verstopft werden, wird dem nicht bey Zeiten abgeholfen, so sind die nachfolgenden Zufälle viel gefährlicher.

Die Hühner scheuen im Winter die Kälte dermaßen, daß sie lieber so lange als sie können, Durst leiden, ehe

sie

sie sich entschliessen, zum Saufen aus ihrem Stall zu gehen, wenn man ihnen nun nicht ihr Wasser im Stall setzt, und selbiges, das Gefrieren zu verhüten, etwas laulicht macht, so giebt dieses Gelegenheit daß sie zu Ausgang des Winters leicht den Pips oder Durchfall bekommen.

Obgleich die Hühner den Insekten und Würmern mit vieler Begierde nachgehen, auch wohl große Liebhaber vom Fleische sind, so sind sie dem allen ungeachtet doch eigentlich kornfressende Vögel, welches ihr langes Eingeweide und der doppelte Magen ebenfalls beweisen. Von grünem Kohl, Sallat, Gras und manchen andern grünen Gewächsen, sind sie nicht weniger Liebhaber, welches die Gärtner sehr oft, im Sommer an ihren jungen Pflanzen, mit Schaden und Verdruß erfahren. Sie lesen sich gern das hingeworfene Futter von der Erde auf, es scheinet aber doch, daß ihnen das aus dem Mist oder Erde gekratzte, noch besser schmecket, womit sie sich denn auch den ganzen Tag lang allein beschäftigen.

Alles verschluckte Futter kömmt zuerst in den Kropf, worin es vorläufig erweicht wird, hernach gelanget es in den weiten Kanal zwischen dem Kropf und dem Magen, hierin wird es wieder mit einem besondern Saffte vermischt, und so zur Verdauung vorbereitet in den Magen gebracht.

Das gemeinste Futter für die Hühner, ist in unsern Gegenden die Gerste, oder auch zu gewissen Zeiten, wenn das Korn nicht sehr theuer ist, letzteres, welches ihnen aber nicht so roh, sondern gekocht oder wenigstens gequollen, gegeben werden muß, sonst verursacht es daß sie leicht den Pips und andere Krankheiten, davon bekommen. Buchweitzengrütze, Hafergrütze, Hanfkörner und dergleichen, fressen sie auch sehr gern und befinden sich recht wohl dabey. Nächst dem, lieben sie die Maulbeeren und Brombeeren ganz besonders, und verachten andere dergleichen Früchte nicht. Sie und alles andere Federvieh, erhalten davon ein sehr feines Fleisch, von schönem Geschmack und weißem Fett.

Außerdem sammlet man für sie die übriggebliebenen Brodsamen und alles Ausgesiebte und Ausgeschwungene vom Korne und dergleichen, Das letztere pflegt man auch wohl mit klein gehackten, vorhin erwähnten Kräutern, angegangenen Aepfeln und andern Obste, oder mit im Wasser gemischter Kleye, zu vermischen. Oder man sammlet alle Abgänge in der Küche oder vom Tische, die Brotrinden rc., vermischet sie mit dem Abspühlwasser, kochet es bis zu einer gewissen Dicke und giebt es ihnen des Morgens und Abends. Dieses Futter kann auch allenfalls mit etwas Gerste, Roggen, Hafer rc., vermischt und mitgekocht werden, dabey aber giebt man noch zu Mittage auf jedes Huhn ohngefähr eine Handvoll rohe Körner, oder ist die Hirse nicht theuer, giebt man ihnen etwas davon, denn diese und der Hanfsamen sind die eigentlichen Lieblingsfrüchte aller Hühner, nach welchen sie ungemein fett werden, so wie sie hingegen vom Grase und grünen Kräutern, einen starken Eyerstock bekommen und größere Eyer legen, die nicht allein besser schmecken, sondern auch Brühen und Suppen mehr gelb färben.

Zur Legezeit ist es nicht undienlich unter das Futter fein geriebene Eyerschalen oder Kreide zu mengen, damit es ihnen nicht an Materie zu den Schalen der zu legenden Eyer fehle.

Gelbe

Gelbe Mohrrüben und Kartoffeln ganz klein gestampft und mit Kleye vermischt, oder im Winter auf dem Ofen gedörrtes Korn, oder auch gegen das Ende des Winters zuweilen gekochten und kalt gewordenen Sauerkohl sind Futter, wornach sie gut gedeihen, sehr munter und gesund bleiben; insonderheit ist das letztere der Sauerkohl, ein herrliches Vorbauungsmittel gegen den Pips, womit sie öfters, Anfangs des Frühjahrs oder zu Ende des Winters befallen werden.

Bey alle dem aber muß man die Hühner doch nicht übermäßig futtern, denn wenn sie davon zu fett werden, so hindert solches am Eyerlegen, verwechseln sie aber zwischen Martini und Weihnachten die Federn, alsdenn ist es nothwendig ihnen mehr Gutes zu thun. Denn hält man sie zu der Zeit zu knapp im Futter, so werden sie zu schwach und man muß erwarten, daß man kaum die Hälfte von den Eyern, die man sonst bekäme, erhalten wird.

Mehr Hühner als man halten kann, muß man sich auch nicht anschaffen, die Menge derselben verschafft nicht den größten Nutzen, eine kleinere Anzahl, die man gehörig wartet und nicht Mangel leiden läßt, bringet weit mehr ein als eine große Zahl, die man hungern läßt, und sich nicht viel darum bekümmert, oder die nichts weiter erhalten, als was sie sich kümmerlich selbst zusammen suchen.

Zur unrechten Zeit und unordentlich gefuttert, bringt auch hier nicht viel Vortheil. Die Hühner verlangen eben sowohl zur rechten Zeit ihr Futter, als andere Thiere, und dieses hat außerdem auch noch den Nutzen, daß sie sich gewöhnen, alle, zur gehörigen Zeit, bey ihrem Futterorte oder Stalle, einzufinden.

Die beste Zeit sie zu futtern, ist immer so viel als möglich des Morgens bey Sonnenaufgang, wenn sie herausgelassen werden, und des Abends vor Sonnenuntergang; haben sie keine Gelegenheit, sich selbst etwas zu suchen, so giebt man ihnen auch gern des Mittags ein Zwischenfutter.

In der Erntezeit hat man auf dem Lande nicht nöthig sie zu futtern, denn alsdenn mangelt es ihnen gar nicht an Fraß, und sie finden mit leichter Mühe mehr, als sie bedürfen.

Sie haben die Gewohnheit, daß sie gern früh schlafen gehen, deswegen können sie im Sommer des Abends gegen fünf bis sechs Uhr, im Winter aber schon gegen drey Uhr in ihren Stall eingelassen werden.

Der größte Vortheil von den Hühnern bestehet in dem Eyerlegen, die wegen der Zucht, als des Gebrauchs in der Hauswirthschaft und zu vielen andern Dingen, von unendlichem Nutzen sind.

Die Fortpflanzung aller lebendigen Thiere, pflegt von Natur auf eine zweyfache Art zu geschehen, entweder bringt die Mutter ihre Nachkommen schon gebildet, lebendig zur Welt, oder sie legt Eyer, woraus durch das Bebrüten die Jungen hervorkommen, oder es werden die Eyer der Natur überlassen, sie auszubringen. Die Fortpflanzung einiger Thiere, durch Zertheilung derselben wie bey den Polypen rc. gehöret nicht hieher.

Die Hühner gehören zu denjenigen Vögeln, die Eyer legen und wo die Henne sie auch alleine bebrütet, da alsdenn nach einer gewissen Zeit, die Jungen daraus hervorkommen. Sie legen fast das ganze

Jahr

Jahr hindurch, ausgenommen zu der Zeit wenn sie sich mausern, oder ihre Federn verlieren, und können bey ordentlicher Pflege, wohl achtzig, zuweilen noch mehrere Eyer legen, manche sollen wohl hundert und dreyßig bis hundert und vierzig legen, allein das ist wohl ein sehr seltener Fall, und geschiehet es, so würde eine Henne es doch nicht lange aushalten können.

Zu den Eingeweiden einer Henne gehöret auch der Eyerstock, woran die Fruchteyer fest hängen, bis sie die gehörige Größe erhalten und zum Legen reif geworden. Bey einem geschlachteten Huhn entdeckt man sie in großer Menge, von der geringsten bis zur letzten Größe, da sie sich nicht mehr ausdehnen. So lange sie noch an dem Eyerstocke sitzen, werden sie durch den kleinen Stiel, vermöge dessen sie daran fest sitzen, ernähret, nachdem sie aber befruchtet worden, sondern sie sich von dem Eyerstocke ab, schlüpfen von da in die Gebährmutter, und werden nach einiger Zeit von der Henne gelegt.

Ob man nun zwar täglich siehet, daß die Hühner zum Eyerlegen, den Hahn nicht immer bedürfen, so sind jedoch die auf diese Art gelegte, gänzlich unfruchtbar, und können zur Brut auf keine Weise gebraucht werden, indem in solchen Eyern nie ein junges Huhn entstehen kann, statt dessen, wenn man sie einer Bruthenne unterlegt, alle miteinander verfaulen.

Die Eyer des Federviehes und überhaupt aller Vögel, sind von sehr verschiedener Größe und Farbe, so, daß man die allermehrsten deutlich von einander unterscheiden und erkennen kann, vornehmlich wenn man die Materialien und Gestalt der Nester, die die Vögel sich selbst bauen, dabey mit zu Hülfe nimmt.

Die Hühnereyer sind alle weiß, in der Gestalt sich durchgehends gleich; in der Größe und folglich auch im Gewicht, sind manche größer und schwerer, andere wieder leichter und kleiner, jedoch aber von den Eyern des andern Hausgeflügels so deutlich und kennbar zu unterscheiden, daß es wohl unnöthig ist, die Kennzeichen davon anzugeben. Bey dieser so veränderlichen Größe eines Hühnereyes, läßt sich also nichts gewisses davon bestimmen, als daß ein mittelmäßiges, ohngefähr zwey Loth wiegen muß.

Im vorhergegangenen Theile ist daselbst, wo vom Hausgeflügel überhaupt die Rede war, angeführet worden, wie bey dem Brüten nach und nach, das junge Hühnchen entstehe und wie es sich von Zeit zu Zeit immer weiter entwickele, es ist daher wohl nicht undienlich, wenn zu dessen mehrerer Aufklärung, hier das Wichtigste von der Beschaffenheit und Bestandtheilen des Eyes selbst, noch etwas angeführet wird.

Nimmt man ein gesundes, fehlerfreyes Ey in die Hand und betrachtet es genau, so siehet man; daß es äußerlich mit einer dünnen, harten, zerbrechlichen Schale, die überall voller Luftlöcher, umgeben ist. Die runde gewölbte Gestalt des Eyes macht es eben, daß ein Ey so starken Widerstand leisten kann, daß es, wenn es der Länge nach zwischen den beyden Händen gehalten wird, auch der stärkste Mann nicht zerbrechen kann.

Diese Eyerschalen bestehen ans einer ganz feinen in jeder Säure sich auflösenden Kalkerde, die zugleich mit einem thierischen, schleimigten oder gallertartigen Theile verbunden ist. Dieser leßtere entdeckt sich sogleich durch den brennzlichten Geruch, wenn man einige Eyerschalen in das Feuer wirft.

Da

Da die Kalkerde sich, wie gesagt, leicht in Säuren auflöset, so ist dadurch das Kunststück entstanden, ein Ey so zuzurichten, daß man es mit geringer Mühe, in eine enghalsige Bouteille bringen kann. Man legt nämlich ein reines Ey in recht scharfen Essig oder andere Säure, läßt es darin so lange liegen, bis sich fast alle Kalkerde der Eyerschale darin aufgelös't, hierdurch wird die Schale biegsam und das ganze Ey so nachgebend, daß es sich durch einen engern Raum, als es selbst einnimmt, folglich auch durch die kleinere Oeffnung einer Bouteille durchdrängen läßt und in den innern Raum derselben gelanget. Die gallertartige Substanz der Schale, verursacht, daß nicht alle Kalkerde gänzlich von der Säure aufgelös't werden kann, daher kommt es, daß wenn man etwas kaltes Wasser hernach über das Ey gießet, die Schale einen geringen Theil ihrer vorigen Stärke wieder erhält.

Ehemals brauchte man die Eyerschalen sehr stark in der Medizin, als Säure dämpfende Mittel, jetzt aber nicht mehr, indem sie durch weit bessere sind verdrängt worden, nur auf dem Lande nehmen sie die armen Leute hin und wieder für das Fieber ein.

Wenn die Hühner sie so gern fressen, so geschiehet es wie schon gesagt, nicht aus Hunger oder Lüsternheit, sondern um Vorrath an Kalkerde zu den künftig zu legenden Eyern zu sammlen, ohne welcher sie Windeyer oder Eyer ohne Schalen legen würden.

Ehe nicht die Eyer im Legedarm gelangen, sind sie nur mit einer bloßen Haut umgeben, hier aber bildet sich die Schale, die anfangs einem halb durchsichtigen Firniß gleich ist, sie wird so bald sie die Luft berühret hart und lös't sich dann weder in der Feuchtigkeit auf, noch fließt oder verglaset sie sich in dem stärksten Feuer.

Nach der Schale selbst folgt innerhalb eine dünne pergamentähnliche Haut, die sich rund herum an der Schale fest anlegt und das Eyweiß einschließt. Man kann selbige leicht absondern, wenn man die äußere Schale behutsam zerbricht und die Stücken nach und nach ablöset. Eigentlich ist es diejenige Haut, welche die Windeyer, die keine harte Schale haben, äußerlich umgiebet. Außer dieser ist das Eyweiß mit noch einer besondern Haut umgeben, die aber bey weitem nicht so stark, sondern nur ganz schwach ist.

Eine dritte Haut umgiebt das Eyweiß an der innern Seite, schließt mit demselben gemeinschaftlich den runden Dotter ein, der auch noch für sich besonders mit einer eigenen oder vierten Haut umgeben ist.

Die übrigen Substanzen des Eyes sind zwey, nämlich das Eyweiß, eine lymphatische, weiße, durchsichtige, klebrige und leimige Materie, die zwischen der zweyten und dritten Haut befindlich und den ganzen Dotter schwebend in sich hält. So lange dieses in seinem natürlichen Zustande bleibt, ist dasjenige, was sich nach der äußern Seite zu, befindet, von dünnerer und flüßiger Consistenz, als derjenige der innerhalb um den Dotter herum, sich befindet. Ersteres pflegt man zum Unterschiede, Eyerklar, letzteres aber, das eigentliche Eyweiß zu nennen; es unterscheidet sich auch darin vom erstern, daß es bey dem Bebrüten eine mehr gelbliche Farbe annimmt.

Dieses Eyweiß befindet sich in den Eyern nicht allein, sondern eben diese Materie ist auch in den Körpern vieler anderer Thiere, jedoch nicht so offenbar als hier, vertheilet. Es besitzt mancherley besondere Eigenschaften, wodurch es sich merklich von andern thierischen Substanzen unterscheidet. Die allerbekanntesten darunter sind:

1) daß es bey einer Hitze die dem kochenden Wasser noch nicht gleich kömmt, schon gerinnet, hart und undurchsichtig wird, und ein milchweißes Ansehen annimmt.

2) Wenn hernach diese geronnene Masse bey mäßiger Wärme getrocknet wird, und nach und nach ihr Wasser oder ihre Feuchtigkeit verlieret, so nimmt sie einen gewissen Grad der Durchsichtigkeit wieder an, erhält zugleich eine röthliche gelbbraune Farbe, und wird zuletzt dem Horne ganz ähnlich.

3) Säuren lösen davon nichts auf, und eben so wenig der Weingeist. Statt dessen es letzterer zum Gerinnen bringt, eben als ob es gekocht wäre, wenn er mit dem Eyweiß vermischt wird.

4) Mit Wasser hingegen läßt es sich wiewohl wegen seiner zähen Beschaffenheit, mit etwas Schwierigkeit vermischen, aber auch durch zugegoßenen Weingeist, sogleich in Gestalt eines Laabs, wieder ausscheiden.

Je stärker der Grad der Hitze ist, der man das Eyweiß aussetzet, desto härter ist es. Salzwasser wird schon heißer, als gemeines frisches Wasser, dahero haben die von den Halloren gekochte Soleyer auch ein härteres Eyweiß als die unsrigen; hierin eben bestehet der Unterschied, oder wenn man es glaubt, der Vorzug der hallischen Soleyer, gegen andere gekochte Eyer. Ein gleiches gilt auch von der Butter und den Oelen, deßhalb sind auch die Eyweiße von den auf Butter geschlagenen Eyern, so äußerst hart und unverdaulicher.

In der Wirthschaft gebraucht man oft das Eyweiß für sich ganz allein, theils um einer Sache einen Glanz zu geben, wenn sie damit bestrichen wird, theils auch im Schaum geschlagen, an einem oder andern Gerichte, z. B. an Suppen, vornehmlich aber um bey den Kochen verschiedene trübe Sachen klar zu machen; insonderheit ist es bey dem Klären des Zuckers von außerordentlichen Nutzen, und kann in den großen Zuckersiedereien bey den feinen Zuckerarten, gar nicht entbehret werden, obgleich man bey den geringen Sorten sich des Ochsenblutes, in eben der Absicht bedienet, weil es einen Bestandtheil enthält, der dem Eyweiß ähnlich ist, und vermöge dessen eben die Dienste leistet.

Aus der Neigung zum Gerinnen, rühret eben der Vortheil beym Klären, verschiedener Dinge her, denn wenn es während des Kochens dieses thut, reißt es zugleich die darin befindliche fremde Theile an sich, steiget seiner Leichtigkeit wegen nach oben, und wird daselbst zu Schaum.

Seiner starken Klebrigkeit wegen, kann man es zum Leimen, ganz vorzüglich aber zum Kütten von Glas, Porcellan, Steingut ꝛc. gebrauchen, wenn es mit weichem Käse, gepülvertem und ungelöschtem Kalk, vermischt wird. Außerdem aber gebrauchen es auch mancherley Künstler und Professionisten, als die Mahler,

zum

zum Ueberziehen der Gemählde, die Buchbinder zum Vergulden ꝛc.

Das innerste des Eyes ist der Dotter, der ebenfalls eine lymphatische Natur besitzet. Es ist ein zäher, dichterer Körper, als das Eyweiß, jedoch von mindrer Klebrigkeit als dasselbe. Er hat eine kugelrunde Gestalt, schwebt vermittelst zweyer Schwebebänder, in der Mitte des Eyweißes, die sich oben und unten befinden und der Hagel genannt werden. Eins dieser Bänder ist gegen das stumpfe Ende des Eyes, das andere aber gegen das spitzige gekehrt. Beyde sind länglichte, feste, knotige, durchsichtige, jedoch dichtere Körper, als das Eyweiß und von weißer Farbe, sie hangen an der Seite des Dotters, vermittelst des fasrigen Wesens, wodurch die Flüßigkeiten und Häute des Eyes in ihrer Richtung und natürlichen Stellung erhalten werden, ohne daß sie schwanken und in Unordnung gerathen können.

Der Eyerdotter ist eins der unentbehrlichsten Dinge in der Kochkunst, nicht allein daß die Eyer blos für sich allein auf verschiedene Art zugerichtet, eine den allermehrsten Menschen angenehme Speise sind, sondern man gebraucht den Dotter zu unzähligen andern Speisen, Backwerk, Suppen und dergleichen mehr, wovon am Schluß, Beyspiele davon angegeben werden sollen. Nächst dem aber gebraucht man ihm auch in der Medizin, zur Verbindung öligter und wäßrigter Substanzen, und das davon ausgepreßte Oel, ist ein bey vielen Vorfällen nützliches Arzneymittel. Endlich dienet es zum Fleckausmachen, besonders solcher, die von Fett herrühren und in Zeugen befindlich sind, deren Farbe nicht sehr dauerhaft, und von andern fleckausmaausmachenden Mitteln sehr leiden, oder wohl ganz und gar ausgehen würde.

Zuletzt findet sich noch an dem Dotter selbst, ein kleiner weisser Kreis, ungefähr wie ein in der Haut des Dotters eingebranntes Zeichen, beynahe so groß als eine Linse, die Narbe, der Hahnentritt, das Auge rc., genannt. In der Mitte dieser Narbe liegt ein kleines, eyrundes, aschgraues Säckchen, in welchen sich das künftige junge Thier entwickelt und welches eben so, wie ungefähr der Keim in dem Samenkorne einer Pflanze anzusehen ist.

Das Eyerlegen muß bey den Hühnern wohl nicht ohne alle Beschwerlichkeit abgehen, man ersiehet es daraus, weil eine Henne, so bald sie das Ey los ist, sich ungemein darüber freuet, und mit einem starken, widrigen Geschrey, solches öffentlich ankündiget.

Man findet öfters unter den Hühnereyern auch allerley fehlerhafte und monströse Eyer, zuweilen gar welche, worinnen ganz fremde Körper enthalten sind.

Unter den fehlerhaften sind die Windeyer, die gewöhnlichsten; sie haben keine äußere harte Schale, ein Umstand der gewöhnlich, wie schon gesagt, davon herrühret, weil bey einer Henne die kalkartige Materie, woraus die Schale gebildet wird, gefehlet hat, oder es kann auch geschehen, wenn das Ey durch krampfhafte Zufälle, vor seiner Reife aus dem Eyergange getrieben wird, oder es geschiehet auch wenn die Hühner allzufett sind. Es sey indeß welche Ursach es wolle, aus diesen Eyern kommt, wenn sie auch bebrütet werden, nie ein Küchlein hervor.

Eine

Eine andere Mißgeburt ist es, wenn ein Ey zwey Dotter hat. Aller Wahrscheinlichkeit nach rühret dieses davon her, wenn sich zwey Eyer zugleich von dem Eyerstocke losreißen, so beyde zusammen den Eyergang durchgehen und dann gemeinschaftlich ihr Weißes, und ihre äußere Schale bilden. Wann dergleichen Eyer bebrütet werden, so können wohl Küchlein davon an den Tag kommen, gewöhnlich aber werden dieses Mißgeburten, die in mancherley Gestalten erscheinen, entweder, haben sie nur einen aber sehr dicken Leib mit vier Füßen, oder, großen Kopf mit zwey Schnäbeln, oder, allerley dergleichen Mißgestalten mehr.

Zuweilen findet man auch Eyer, wo eins in dem andern steckt, da ein größeres mit Weißen und Dotter, ein kleineres mit Schale, Weißen und Gelben in sich schließt. Dieser Vorgang läßt sich sehr natürlich erklären. Ein vom Eyerstocke zu früh abgerissenes Ey kann nicht weiter wachsen; wenn es nun schon völlig ausgebildet ist und dann in dem Wirkungskreis eines andern größern Eyes geräth, das noch fortwächst, so umschließt es das kleinere, oder wächst eigentlich um dasselbe herum.

So hat man noch sehr viel andere mißgestaltete Eyer mehr gesehen, als, Eyer mit sehr dicker oder wohl gar mit einer doppelten Schale. Ferner, Eyer welche noch den Stiel an sich hatten, womit sie an dem Eyerstock befestigt gewesen, andere, welche die Gestalt eines halben Mondes angenommen, oder die Form einer Birn hatten, oder solche, die gewisse Abdrücke von andern Dingen an sich hatten, und wovon sich abergläubige Menschen, allerley Vorstellungen

gen machten, der klügere aber wohl siehet, daß dergleichen alle von einem ungewöhnlichen Druck und dessen Folgen, herzuleiten sind.

Viel sonderbarer ist es, wenn in den Eyern fremdartige Dinge gefunden werden. So hat es sich zum Beispiel verschiedentlich ereignet, daß man eine Stecknadel mitten in einem Ey gefunden. Die Nadeln sind gewöhnlich mit einer weißen Rinde überzogen, und können auf keinen andern Weg dahin gelangt seyn, als das Huhn sie muß verschluckt haben und sie hernach in die Eyermaße gerathen ist. Auf gleiche Weise mag es sich auch ereignen, wenn zuweilen kleine Kieselsteine oder Kirschkerne in den Eyern sind gefunden worden.

Anstatt daß diese Eyer fremde Sachen die nicht darin gehören, enthalten, so giebt es auch noch andere, denen wieder ein wesentlicher Bestandtheil mangelt, dergleichen die sind, die keinen Dotter haben. Man naunte sie, so lange man es nicht besser wußte, Hahneneyer und der Aberglaube verwandelte sie gar in Basiliskeneyer. Gewöhnlich findet man darin ein Fadenwerk, das wie eine Schlange zusammengedrehet, im Grunde aber nichts anders, als die Haut, die den vertrockneten Eyerdotter umgeben sollte, ist.

Die Eyerschalen haben viele, dem bloßen Auge unsichtbare Löcherchen, wodurch die Luft heraustreten kann. Legt man ein Ey in ein Glas mit Wasser, stellet dieses unter eine Luftpumpe, und pumpet alsdenn die Luft heraus, so siehet man offenbar, wie um das ganze Ey herum Luftblasen hervorkommen, die von der, aus dem Eye herausdringenden Luft, entstehen.

Durch

Durch diese Löcherchen dunsten die Eyer aus, und eben dieses ist die Ursache, weßwegen die Eyer mit der Zeit verderben. Die Sache selbst wird dadurch bestätigt, daß, wenn man dieses Ausdunsten verhindert, die Eyer viel länger dauern und gut bleiben.

Ein frisch gelegtes Ey ist schwerer als ein gleich großer Raum von Wasser, daher kömmt es daß man die Eyer probieren kann, ob sie frisch sind, denn alsdenn müssen sie untersinken, sind sie aber alt und haben viel durch das Ausdunsten verloren, oder sind gar völlig verdorben, so müssen sie nothwendig leichter werden und schwimmen deßhalb im Wasser oben auf, woraus denn auch folget, daß je voller ein Ey ist, desto frischer muß es seyn.

Diejenigen Eyer, deren Dotter nicht recht in der Mitte hänget, welches man gegen ein Licht gut sehen kann, hält man nicht für gut, diejenigen aber die gegen ein Licht oder die Sonne gehalten, undurchsichtig sind, taugen ganz und gar nichts. Unter den unverdorbenen Eyern hält man allezeit, diejenigen für die besten, die eine dünne klare Schale, und mehr länglichte Gestalt haben.

Eyer lassen sich bey gehöriger Vorsicht ziemlich lange frisch erhalten, nur kömmt es darauf an, ihre Ausdünstung, wie schon gesagt, zu verhindern; jemehr dieser vorgebeugt wird, desto länger dauern sie. Einige verwahren sie daher in Asche, Kleye oder Hirse und packen sie in Lagen oder Reihen, mit der Spitze unter sich, ohne daß eins das andere berühret, und schütten zuletzt eine Lage Hirse oder Asche noch darüber. Nicht so gut ist es, wenn andere statt dessen, sich der Gerste, des Roggens oder Hexels oder des Kaffs bedienen; die Eyer nehmen hierin sehr leicht einen dumpfichten Geschmack an. Das sicherste und bewährteste Mittel aber bestehet wohl darin, wenn man die Eyer mit einer Materie überziehet, welche die in den Schalen enthaltene Löcherchen verstopfet, und folglich die Ausdünstung verhindert. Nur schade daß diese Weise so umständlich ist, daß wenige diese Mühe über sich nehmen werden. Die dazu geschickten Materien sind Talg, Wachs, Butter, Speck, Oel und dergleichen, jedoch ist der Talg hierzu wohl das bequemste und schicklichste. Mit diesen Dingen müssen die Eyer sogleich an dem Tage, da sie gelegt worden, überstrichen werden. Es versteht sich daß der Talg, Wachs rc., zerlassen und die Eyer darin eingetaucht werden müssen, bey dem Gebrauch legt man sie in warmes Wasser, damit der Talg wieder abschmelze. Oder man macht auch einen Topf von frisch gelegten Eyern voll, gießt geschmolzenes Hammelfett dergestalt darüber, daß alle zwischen den Eyern befindliche Lücken, bis oben an den Topf damit ausgefüllet werden; doch muß man sich in acht nehmen, daß das Fett nicht zu warm sey, oder noch weniger, daß die Eyer darin kochen können. Auf diese Weise kann man sie zwey Jahr lang und noch darüber, gut aufbewahren. Reaumure, der viel hierüber geschrieben, empfiehlt als den besten Ueberzug, wenn man Harz in Terpentin auflös't und die Eyer damit bestreichet. Ein großer Gelehrter Namens Herr Pringle, hat zwar bekannt gemacht, daß wenn man die verdorbenen Eyer in einem starken Einsatze von Kamillenblumen gähren ließe, sie in ihren ersten Stand von Güte und Gesundheit, wieder zurückgebracht

bracht werden könnten, die Sache ist aber aller Wahrscheinlichkeit nach, ungegründet.

Anfänglich glaubte man daß ein solcher Ueberzug den Eyern schade, besonders wenn sie zum Brüten gebraucht werden sollten, allein bey angestellten Versuchen hat es sich erwiesen, daß die bestrichenen Eyer nicht allein viele Monate oder wohl Jahre lang, gut und zum Essen tauglich geblieben, sondern auch wie frische Eyer haben ausbrüten lassen können.

In Westindien hat man eine besondere Manier, die Eyer zu salzen, ohne die Schalen zu zerbrechen, indem man sie hart kochen läßt; das macht sie sehr schmackhaft, erhält sie lange Zeit und macht, daß sie auf Reisen bequem mitgenommen werden können.

Die Zubereitung bestehet darin: daß man die Eyer mit einem Teige, der von Lehm, gemeiner Asche und Meersalz zusammengesetzt ist, bestreichet, sie alsdenn in einen Backofen oder in glühende Kohlen legt, und sie so lange darin läßt, als erfordert wird, um sie darin zu kochen. Durch diese Zubereitung werden sie so dauerhaft, daß die Schiffer sie auf weiten Seereisen, als einen guten Vorrath mitnehmen können.

Nicht selten begiebt es sich, daß einem in Winter bey starker Kälte, die Eyer, wenn sie nicht gut verwahret, gefrieren; sie in der Wärme aufzuthauen, würde ihnen schädlich seyn, besser ist es man leget sie in kaltes Wasser, dieses ziehet ohne ihnen einen faulen Geschmack zu geben, den Frost heraus, so daß keiner ihrer Bestandtheile Nachtheil erleidet.

Da aber die Hühner wie bekannt, nicht das ganze Jahr legen, so muß man die Legezeit wohl wahrnehmen, wenn man sich Eyer zum Vorrathe sammeln

meln will, damit man versorgt sey, wenn sie nicht mehr legen und die Eyer theuer verkauft werden. Gemeiniglich fangen die Hühner im Frühjahr an zu legen, und hören damit gegen die Zeit, wenn die Ernte angehet, auf, im August machen sie wieder den Anfang mit Legen und hören gegen den Winter auf, diese Zeiten muß eine sorgfältige Wirthinn in acht nehmen, und sich mit den nöthigen Vorräthen versorgen, damit sie in den Monaten wenn die Hühner nicht legen, keinen Mangel leide.

Die Eyer die nun zum Sommervorrath weggelegt werden, muß man an einem kühlen Ort aufbewahren, denn wo es warm ist, würden sie stark ausdünsten, und wie wir gesehen haben, leicht in Fäulniß übergehen. Die im Herbst gelegten Eyer dauern aus natürlichen Ursachen schon länger, als im Sommer, weil sie bey dem kalten Wetter, keiner solchen nachtheiligen Wirkung, als bey der Wärme im Sommer, ausgesetzt sind. Daher rühret es, daß man dafür hält, daß sich die im Oktober gelegten Eyer, länger, oder den ganzen Winter hindurch, halten.

Wir haben gesehen, daß die Eyer ausdunsten, folglich muß auch innerhalb der Schalen, ein leerer Raum entstehen, der Dotter sinkt alsdann in dem Weißen nieder, setzt sich an, und die Fäulniß nimmt dadurch ihren Anfang. Wenn nun manche ihre vorräthigen Eyer öfters umwenden, so bleibt der Dotter in seiner natürlichen Lage, und die Schale wird von innen allenthalben befeuchtet, so daß der Zutritt der äußern Luft doch etwas verhindert wird. Wer nun nicht starke Vorräthe hat, der kann sich wohl

dieses

dieses Mittels zur Erhaltung der Eyer bedienen, und um es noch bequemer zu haben, sich ein Brett von beliebiger Größe anschaffen, worin man sich so viel Löcher bohret, als man Eyer aufbewahren will. Diese Löcher müssen weder größer noch kleiner seyn, als daß just ein Ey bequem darin liegen kann, ohne durchzufallen, oder fest eingeklemmt zu werden. So wie nun die Eyer, die man aufbewahren will, täglich gelegt werden, so stellt man sie eins nach dem andern, auf die Spitze, in der Ordnung nach der Reihe, in die Löcher des Brettes. Man kann auch die Löcher und Eyer mit Zahlen bezeichnen, um sich bey dem Verbrauch der Eyer, da man die ältesten immer zuerst nehmen muß, darnach zu richten. Bey kühler Witterung lassen sich die Eyer so einige Monat lang recht gut erhalten, ohne daß man sie irgend womit bedecket oder berühret, nur muß man keine Eyer, die auf dem Markt oder von unbekannten Leuten gekauft sind, dazu nehmen, weil man nicht sicher ist, jederzeit frische Eyer zu erhalten und der Versuch also mißlingen möchte. Das Umwenden der Eyer könnte hier auch nicht undienlich seyn, allein wenn der Vorrath zu groß ist, dann macht es doch zu viel Mühe, alsdenn thut man besser man nehme eine Kiste oder Faß, streue darin ein paar Finger hoch, Hirse, Asche, Kleie, Sägespäne ꝛc., setze darauf eine Lage Eyer, die man auf die Spitze stellt, streuet darüber wieder eine Lage von obigen Dingen, macht darauf abermals eine Schicht Eyer und fährt so wechselsweise fort, bis das Faß oder die Kiste voll ist, dann macht man sie fest zu, und kehret sie täglich bald auf die eine bald auf die andere Seite, bald stellt man sie oben bald unten und wechselt so dergestalt stets ab; diese Arbeit ist im Augenblick geschehen. Nimmt man nun einige von den Eyern heraus, so muß man die Stelle mit dem Dinge womit die Eyer verpackt waren, immer wieder voll machen, damit der leer gewordene Platz, wieder ausgefüllt werde.

Warum man aber stets die Eyer auf die Spitze zu stellen Ursach habe, ist eigentlich darum, weil der Dotter durch die schon erwähnten zwey Schwebebänder, desto besser in der Mitte schwebend erhalten werden kann.

Die Eyer sind der vorzüglichste Nutzen, den die Hühner gewähren, man sucht also gern die besten unter den Jungen zur Zucht und zum Eyerlegen aus, vornehmlich hält man diejenigen mit rothen schwankenden Kämmen, für die vorzüglichsten im Legen, daher denn auch wohl das Sprichwort mag entstanden seyn, die Hühner haben rothe Kämme, sie werden bald legen.

Erwartet man von seinen Hühnern viel Eyer, so brauchen sie eben nicht verschwenderisch gefuttert zu werden, aber man muß sie doch auch nicht Mangel leiden lassen, vielweniger glauben, daß sie sich wohl so viel von selbst suchen werden als sie bedürfen. Ein regelmäßiges und zuträgliches Futter, bringet allemal die mehresten Eyer, eben so trägt es auch viel bey, wenn die Hühner warm gehalten werden, dieses siehet man bey vielen armen Leuten auf dem Lande, welche sie im Winter in den Stuben stets um sich haben.

Alles Futter befördert nicht gleichmäßig das Eyerlegen, eins hat immer den Vorzug vor den andern, besonders aber leistet hierin der Nesselsamen, die Hanfkörner, Buchweitzen und andere mehr, große Vortheile.

Hühner die im Winter legen, verinteressiren sich am besten, dergleichen finden sich mehr unter den jungen, als alten. Will man sie noch mehr dazu reitzen, so sondert man sie von den andern ab und bringt sie in eine Kammer oder einen Stall, worin warmer Mist lieget und wohin die andern Hühner nicht kommen können. Hier futtert man sie mit dunkelbraun geröstheter Gerste, oder man siedet die Gerste, und giebt sie ihnen wärmlich und halb gekocht, oder mengt ihnen auch reifen Nesselsamen unter das Futter, oder streut ihnen auch trockne und im Wasser gekochte Blätter von Nesseln, vor. Oder man kocht klein gedroschene oder zerstoßene Leinhülsen, vermischt sie mit Weitzenkleie und Eichelmehl, so daß ein Teig daraus werde und futtert die Hühner damit.

Der Hafer ist ihnen auch sehr dienlich, will man sie aber noch hitziger machen, so darf man ihnen nur zu Zeiten Bockshornsamen, oder Buchweitzen und Hanfkörner geben, beyde haben in Absicht des Legens gleiche Wirckung, nur mästet der erstere zu stark, welches die letztern nicht thun. Man muß sich bey den Hühnern hiernach richten, die viel Neigung zum Fettwerden besitzen, muß man keinen Buchweitzen, sondern Hanfkörner geben, sie würden zu fett werden und man hätte alsdenn wenig oder gar keine Eyer zu erwarten; nur wenn sie mager sind, ist er das beste Futter, weil er zugleich zum Legen reitzet, im

Gegentheil von allen diesen, ist es rathsamer mit Hanfkörnern zu futtern.

Viele Hühner haben die Gewohnheit, wenn sie legen und die Freyheit haben, ihre Eyer zu verschleppen; sie suchen sich dazu entlegene, stille Oerter aus, die man zuweilen nicht ausfinden kann, werden sie hiervon nicht abgehalten und haben sie eine Zahl Eyer gelegt, so Bebrüten sie sie wohl und kommen mit einem Trupp Jungen hervor. Wenn einem dieses schon angenehm seyn mag, so bleibet im ganzen genommen, dieses doch immer eine Untugend der Hühner, die der Wirthschaft nachtheilig ist. An Oertern, wo viele hohe und große Brennesseln wachsen, gewöhnen sie sich dieses am ehesten an, denn sie lieben den Aufenthalt darin ungemein, weil sie darin Schatten und mancherley Gewürme finden, überdem aber besondere Liebhaber von dem Samen und den Blättern derselben sind.

Bemerkt man unter seinen Hühnern eine dergleichen, die diese schlimme Gewohnheit, die Eyer zu verschleppen an sich hat, und weiß nicht wohin von ihr die Eyer gelegt worden sind, so darf man sich nur dieses folgenden leichten Kunstgriffes bedienen.

Man reibe einer solchen Henne des Morgens, oder noch besser, zu der Zeit wenn sie legen will und man schon das Ey bey ihr fühlet, etwas Küchensalz an den Legedarm. Sobald dieses geschehen ist, wird sie an diesen Theilen einen Reitz zum Legen empfinden und in großer Geschwindigkeit, nach dem von ihr gewählten Neste hinlaufen, um sich des Eyes zu entledigen. Man hat alsdenn weiter nichts zu thun,

als

als ihr nachzugehen, sie wird gewiß ihr Nest mit den darin verlegten Eyern, bald entdecken.

Manche andere Hühner haben den bösen Fehler an sich, die gelegten Eyer sogleich wieder zu zerbrechen und aufzufressen, dergleichen sind zu nichts besser als zum Schlachten, oder wer das nicht will, muß suchen ihnen diese Untugend abzugewöhnen, und dazu kann man sich dieses leichten Mittels bedienen.

Man lasse aus einem Ey das Weiße herauslaufen, so daß der Dotter allein darin bleibet, zu diesem gießt man statt des herausgelaufenen Eyweißes, so viel flüßig gemachten Gips als nöthig ist, um das Ey wieder voll zu füllen. Man stelle es alsdenn in einer solchen Lage hin, daß nichts wieder herauslaufen kann, und lasse es so lange stehen, bis sich der hineingegossene Gips völlig verhärtet hat. Wenn man nun ein oder mehr dergleichen Eyer in das Nest legt, wo vorhin von der Henne, die diese böse Gewohnheit an sich hat, die guten Eyer zerbrochen wurden, und sie will ihr Kunststück wieder machen, so findet sie sich betrogen, wiederfährt ihr dieses einigemal und sie wird immer wieder getäuscht, so vergißt sie ihre Untugend und läßt von selbst ab, in der Folge die Eyer zu zerbrechen.

Die Zucht der jungen Hühner macht den Liebhabern ungemein viel Vergnügen, es ist in der That äußerst angenehm, die kleinen Küchlein aus dem Eye hervorkommen, sogleich fressen und heranwachsen zu sehen, kein Wunder also, wenn sich so viele finden, die sich damit abgeben und es zu ihrem Zeitvertreib wählen, der neben dem Angenehmen auch zugleich nützlich ist.

Wenn man Hühner zum Brüten ansetzen will, ist das erste wofür Sorge zu tragen ist, ein schickliches Nest. Hätten sie ihre Freyheit und wären sich gänzlich selbst überlassen, so würden sie sich eben so gut, wie andere Vögel ihr Nest selbst verfertigen und es so einrichten, wie es ihnen in der Natur vorgeschrieben ist, auch würden sie darin nicht mehr Eyer legen als ihre Bestimmung es mit sich bringt, und wenn diese Zahl voll, sie sogleich bebrüten, hier aber, da sie ihrer Freyheit gänzlich beraubt sind und wir sie zu unsern Hausthieren gemacht haben, können sie nicht handeln wie es ihnen ihr Naturtrieb eingiebt, daher müssen wir es uns auch nicht verdrießen lassen, ihnen, wenn sie brüten oder legen wollen, das dazu nöthige Nest, so gut wir können, selbst zuzubereiten.

Wie und wo die Nester in den Hühnerställen anzubringen sind, und welche Anstalten dazu am schicklichsten sind, ist schon vorhin bey Beschreibung der Anlage der Hühnerställe angezeigt worden, hier darf nur noch beygefügt werden, daß die Nester vorn eine kleine Anhöhe haben müssen, damit wenn sich die Henne beweget, oder die Eyer herumrühret, selbige nicht herausfallen. Nach Anzahl der Bruteyer und Größe der Henne, muß die innere Höhlung auch größer oder kleiner im Umfang seyn, und dabey die erforderliche Tiefe besitzen. Diese ist, wenn es hierin recht getroffen wird, daß die Eyer, wenn die Henne um zu fressen oder zu saufen, zuweilen das Nest verläßt, nicht in Unordnung gerathen.

Vielmals wird das Nest nur von weichem Stroh verfertigt; hierin aber vermag eine Henne nicht ganz vollkommen die Eyer bebrüten und wenn sie einmal

vom

vom Neste weggehet, können die Eyer leicht erkalten. Das beste Materiale hierzu ist recht weiches Heu, welches sich eher und gleichförmiger erwärmen läßt, und auch länger warm bleibet als das Stroh, am allerbesten aber wenn ein solches gut angelegtes Nest, noch obendrein mit weichen Federn ausgefuttert wird. Die Nester von bloßen Stroh haben nach das Nachtheilige an sich, daß es öfters geschiehet, daß die jungen Küchlein wenn sie aus dem Ey geschlüpft sind und ihre Haut noch ungemein zart ist, sich sehr leicht an den Stroh verletzen können, und überhaupt finden sie darin lange nicht die erforderliche, gleichförmige Wärme, als in jenen Nestern von Heu und weichen Federn.

Ist es noch früh im Jahre daß man eine Henne, um bald junge Küchlein zu erhalten, zum Brüten ansetzen will, so muß man das Nest durchaus an einen trocknen, warmen, abgelegenen, stillen Orte anlegen, und wenn derselbe nicht erwärmet werden kann, so muß er doch wenigstens gegen Mittag liegen, um die größte Sonnenwärme zu erhalten und vor Wind und Wetter gesichert seyn, widrigenfalls ist alle Mühe vergeblich und man hat sich umsonst auf frühe junge Hühner Rechnung gemacht. In den herankommenden Sommermonaten haben fast alle Hühner einen Trieb zum Brüten, alsdenn ist so viele Sorgfalt für die Wärme und Lage des Nestes nicht nöthig, es ist genug wenn es nur von Heu an einen ruhigen Ort im Stalle angebracht ist. Lassen sich darin kleine Verschläge für ein jedes Nest anbringen, daß die Bruthühner nicht von den andern, oder von den Hähnen oft gestört werden, oder daß sie sich einander nicht selbst sehen können, so ist es sehr gut; dergleichen Verschläge, die von Brettern oder geflochtenen Horden gemacht werden können, sind ohne vielen Kostenaufwand zu verfertigen möglich.

Wenn die Legezeit eines Huhns verflossen, fangen sie an zu glucken und bleiben gern auf dem Neste so lange sitzen, bis ihnen Hunger oder Durst davon wegtreibt, dieses ist alsdenn ein gewisses Zeichen daß sie brüten wollen. Obgleich aber alle Hühner hierzu Lust bezeigen, so ist es doch nicht rathsam, die erste die beste dazu zu nehmen, man würde öfters Zeit, Mühe und Kosten verlieren; eine Auswahl der Bruthühner ist also höchst nothwendig. Man suche sich also unter seinen Hühnern diejenigen zu Bruthühnern aus, die

1) nicht unter zwey oder drittehalb Jahr alt sind. Die zu jungen Hühner haben den Fehler an sich, daß ihnen zuweilen beym Brüten die Geduld vergehet und dann das Nest und Eyer verlassen, oder wenn sie ja die Jungen ausbringen, so verlassen sie solche doch bald.

2) Die zum Brüten geschicktesten Hühner sind die von drittehalb bis fünf Jahren, unter diesen wähle man diejenigen, die gelassen sind, sich nicht vor alles erschrecken, und sich ohne Geschrey und vieles Widerstreben willig vom Neste aufheben lassen.

3) In Absicht ihrer körperlichen Beschaffenheit sind die starken mit einem lebhaften Naturell die vorzüglichsten.

4) Das

4) Hühner, die sehr wild, menschenscheu oder leicht vor alles erschrecken, ingleichen solche, die sehr große Spornen haben, sind durchaus untüchtig zum Brüten.

Das Brüten trägt nichts zur Veränderung der verschiedenen Hühnerarten bey, man mag eine Henne dazu nehmen von welcher Art man will, sogar wenn man auch andere Thiere, als Truthühner oder auch wohl gar künstliche Wärme dazu anwendet, daher diejenigen, die ein oder die andere Art von Hühnern ziehen wollen, auch keine andere Eyer nehmen müssen, als die von eben solchen Hühnern gelegt worden, die man zu haben wünschet. Wem es hingegen einerley ist welche Art Hühner er erhalte, der kann auch Eyer unterlegen von welchen Hühnern er will, oder von allen durcheinander.

Was die Eyer selbst die ausgebrütet werden sollen anbetrifft, so ist es doch erforderlich, daß man nicht große und kleine durch einander nehme, sondern sie so viel möglich von gleicher Größe aussuche, denn nimmt man hierauf keine Rücksicht, so muß man wenigstens erwarten, daß die Küchlein nicht zu gleicher Zeit, sondern einige früher andere viel später, auskommen, welches unangenehm ist, indem man nicht allein mit den zuerst ausgekommenen viel unnöthige Mühe hat, sondern daß die Henne selbst zuweilen wohl die letztern Eyer, die doch auch bald auskommen würden, liegen läßt und davon gehet. Ein solches ungleichmäßiges Ausbrüten rühret die mehreste Zeit daher, daß solche von verschiedener Größe untergelegte Eyer, von der Henne nicht gleichförmig erwärmet werden können.

Ferner

Ferner muß man zum Bebrüten auch nicht allzu alte Eyer nehmen, sie können zwar auch auskommen, allein man kann seiner Sache doch nicht so gewiß seyn, als bey den andern. Es ist auch nicht einerley, von welchem Alter die Henne sey, die diese Eyer gelegt habe, weder von ganz jungen noch die von ganz alten Hühnern sollte man dazu nehmen, sondern einzig und allein die, so von Hühnern, die ein bis zwey Jahre alt sind, gelegt worden. Die Eyer an sich müssen, wenn es irgend seyn kann, nicht über zwanzig Tage alt, noch vielweniger zerbrochen seyn und wäre es auch nur eine bloße Ritze in der Schale. Ebenfalls muß man keine schmutzigen Eyer vielweniger solche, die eine Zeitlang an einem dumpfigen und feuchten Orte gelegen, dazu nehmen.

Eyer, die von solchen Hühnern gelegt, die von Truthühnern ausgebrütet worden, muß man auch nicht unterlegen, denn sie taugen sehr wenig zum Brüten.

Nach Beobachtung alles, dessen was so eben gesagt worden, ist dessenungeachtet doch noch nöthig, daß man mit den ausgewählten Eyern, ehe man sie unterlegt die Wasserprobe anstelle, ob sie zum Bebrüten auch tüchtig sind. Diese geschiehet also: man nimmt ein Gefäß mit frischem Wasser, legt von den ausgesuchten Eyern eins nach den andern hinein, und siehet welche am geschwindesten darin zu Boden sinken, diese wählet man denn aus und legt sie bey Seite, die so oben schwimmen bleiben, taugen selten etwas, zuweilen kommt wohl eins oder das andere heraus, allein die Küchlein davon, sind und bleiben schwach, oder sterben wohl gar.

Man

Man sagt, daß aus den mehr spitzigen Eyern, die Hähnchen kämen, aus den runden oder stumpfendigen aber die Hühnchen; ganz gewiß läßt sich die Sache wohl noch nicht bestimmen, der Versuch läßt sich aber leicht anstellen. Was noch überdem von den Bruteyern zu sagen wäre, ist dieses, daß man dazu durchaus keine gekauften Eyer nehmen müsse, am allerwenigsten aber von unbekannten Personen, die Ursach davon kann jeder aus obigem von selbst einsehen.

Die Anzahl der Eyer für eine Bruthenne läßt sich so genau nicht bestimmen, es kömmt dabey erstlich auf die Größe des Huhns an; ist es groß so kann man siebzehen bis achtzehen Eyer unterlegen, sind sie aber klein, so sind vierzehen, höchstens funfzehen Eyer schon genug. Da es aber hierbey zweitens auf die Jahreszeit viel ankömmt, so ist diese Angabe nur vom April und die folgenden Monate zu verstehen, im Februar wären das offenbar zu viel Eyer für eine Bruthenne, denn sie würde bey der Kälte nicht vermögend seyn, sie alle gehörig zu erwärmen. Wenn man also zu dieser Zeit einer Henne eilf bis zwölf Eyer unterlegt, so hat sie genug zu thun, sie auszubringen, und noch mehr als eine andere, die weiterhin achtzehn zu bebrüten hat. Der Körper einer Henne ist länger als breit, weil sich aber zu einer solchen Form eine ungerade Zahl Eyer viel eher eben so zusammen legen läßt, und folglich besser erwärmt werden kann, als eine gerade Anzahl, so wählt man deshalb immer lieber das erstere. Einfältige Leute die das nicht einsehen, haben sich hierüber mancherley abergläubische Vorurtheile in den Kopf gesetzt, und

geglaubt

geglaubt, ungerade Zahlen der untergelegten Bruteyer, hätten ganz was besonders geheimnißvolles bey dem Brüten voraus; andere sind hierin noch weiter gegangen, sie wollen die Eyer bey dem Unterlegen, nicht einmal mit den Händen anfassen, indem sie glauben, aus keinem einzigen würde etwas heraus kommen, sie lassen sie also in das Nest blos hinein rollen oder legen sie vermittelst anderer Dinge hinein. Viele sind auch damit noch nicht zufrieden, und befürchten, die Eyer möchten durch Zauberei leiden, dieses zu verhüten, legen sie noch allerhand Dinge mit in und unter das Nest, dazu gehöret denn auch der Glaube, daß die Eyer vom Donnerwetter trübe würden oder die Küchlein von der Erschütterung, betäubt und getödtet würden, demselben also die Kraft zu benehmen, sollen eiserne Nägel dienlich seyn, deshalb unterlassen sie nicht, in die Hühnernester jedesmal eine Anzahl derselben, hinein zu legen.

Obgleich es ein bloßer Aberglaube ist, wenn einige haben wollen, daß man die Eyer gar nicht anfassen soll, so muß man sie doch nicht öfter als einmal berühren, während der Zeit daß sie bebrütet werden, und dieses doch auch nur wenn man siehet, daß die Henne es nicht selbst thut. Eine gute Glucke wendet sie so oft es nöthig ist, selbst um, damit die Eyer gleichförmige Wärme erhalten; auf daß man aber dieses wissen kann, zeichne man die Eyer vor dem Unterlegen an irgend einer Stelle, so kann man wenn die Henne aufgenommen wird, allezeit sehen, ob sie die Eyer gehörig umwendet oder nicht, im letztern Fall thut man es alsdenn selbst. Wer sich aber aus Neugier gelüsten läßt, die Eyer öfters aus dem

Neste

Neste zu nehmen und sie zu besehen, der muß nicht erwarten, daß die Hühner viel ausbringen werden, denn nichts ist dem Fortgange des Brütens so sehr entgegen, als wenn die Eyer immer in Unordnung gebracht werden.

Eine Person oder Aufseherinn des Federviehes, die täglich nach dem andern und besonders dem Brutvieh siehet, ist hier sehr nöthig, um alles dabey in Ordnung zu erhalten; vornehmlich muß sie acht geben, wie sich die Hühner bey dem Brüten betragen. Die mehresten derselben sitzen ganz geduldig über den Eyern, bis die jungen Küchlein alle ausgekommen sind, bey diesen hat sie wenig zu thun, als daß sie nur hauptsächlich Sorge trägt, daß die Nester beständig rein gehalten werden, welche sie vor dem Brüten ehe die Hühner gesetzt werden, allenfalls auch durchräuchern kann; sie haben solches gern und pflegen desto ruhiger zu sitzen.

Andere Hühner sind so erpicht auf das Brüten, daß man Mühe hat, sie vom Neste weg zu bringen; die Aufseherinn muß hierbey besonders darauf Acht haben, daß diese Art Hühner wenigstens einmal des Tages, von den Eyern aufgehoben werden, um sie in die frische Luft zu bringen, nnd auch damit sie sich nach ihrer Bequemlichkeit reinigen können, weil sie zuweilen auf das Brüten so eifrig sind, daß sie es sich sogar aus allen Kräften enthalten, den Mist von sich zu lassen, um nur nicht von ihren Eyern zu gehen. Dabey aber muß man sie auch nicht zu lange von den Nest entfernt halten, sonst erkälten die Eyer und verlieren ihre Wärme.

Man hat schon dergleichen Hühner gesehen, die Hunger und Durst außerordentlich lange ausgehalten, ehe sie zum Fressen hingegangen, besonders ist dieses vielen Truthühnern eigen, die so lange sitzen und hungern, bis sie davon sterben, wofern nicht darnach gesehen wird; daher ist es sehr nöthig daß man solchen Bruthühnern, anstatt einmal lieber zweymal des Tages, ihr gewöhnliches Futter giebt.

Dagegen trifft es sich auch manchmal, daß man solche Hühner zum Brüten gewählt hat, denen die Geduld dabey bald vergehet; diesen muß man nur eine ganz gemeine Nahrung geben, wenn man sie von ihrem Lager gehen läßt, um zu fressen, und wenn man sie dann wieder auf das Nest bringt, so muß man ihnen einige Körner Hanfsamen, oder Weitzen, oder Hirse, oder auch etwas Brot in Wein geweicht, in der Hand vorhalten und solches vorher mit Wasser mischen. Man braucht diese Handlung nur zwey oder dreymal vorgenommen zu haben, so wird man sehen, daß die Hühner, wenn sie nur etwas Futter und Trank zu sich genommen haben, plötzlich wieder zu ihren Nestern eilen, um sich wieder auf die Eyer zu setzen.

Wenn die Hühner bey dem Brüten ermüden, oder so gefräßig werden, daß sie anfangen die Eyer an zu picken, zu zerbrechen und zu fressen, so würden sie wenn dem nicht Einhalt geschähe, bald alle Eyer zerstören; man kann daher in solchen Fällen sich des folgenden Mittels bedienen. Man läßt ein Ey unter Kohlen hart braten, und indem solches geschehen ist, öffnet man das Ey an verschiedenen Stellen, jedoch auf eine Art daß es nicht sehr mercklich ist, und so hält man es der Henne vor. Sie wird gleich darauf picken,

picken, weil sie sich aber dadurch brennet, so wird sie sich weigern es weiter anzurühren. Diesen kleinen Versuch darf man nur ein paarmal wiederholen, so wird die Henne diesen Fehler bald ablegen.

Wenn es kaltes Wetter ist, so hat man genau Achtung zu geben, daß, wenn die Hühner zum Fressen aufstehen, man so viel möglich bey der Hand sey, und die Eyer so lange zudecke, bis sie wieder zum Neste zurück kehren, weil sonst die Eyer sehr leicht erkalten können.

Oefters fangen mehr Hühner an, eine Neigung zum Brüten zu bezeigen als man zu setzen in Willens ist, das Eyerlegen wird dadurch unterbrochen und man hat also Nachtheil davon; bey denen man diese Neigung nun nicht mehr unterhalten will, erstickt man selbige dadurch, daß man sie mit dem Hinterleibe oft in kaltes Wasser taucht. Hier kühlt sich die brennende Hitze am Bauche ab, die sie zum Brüten treibt, denn dieser Trieb wird dadurch oft unwiderstehlich, daß sie sich auf alles was nur einem Ey ähnlich sieht, hinsetzen.

Wenn man recht früh junge Hühner erhält, und sie bey der rauhen Frühjahrsluft wohl in acht nimmt, so hat man den Vortheil daß sie schon vor dem Sommer so heranwachsen, daß sie noch vor den ersten Junius kapaunet werden können, indem dieses das sicherste Mittel ist, sowohl schöne Kapaunen als auch Hühner zu haben, die frühzeitig zu legen anfangen.

Dieses zu bewerkstelligen muß man die besten unter seinen Hühnern aussuchen, sie in ein warmes Zimmer halten und dabey gut futtern, wobey man sich unter den schon angeführten Nahrungsmitteln der Hühner die schicklichsten aussuchen kann. Bey solcher guten Pflege werden sie bald und früh genug anfangen Eyer zu legen, diejenigen die sich nun hierin am besten auszeichnen, suchet man aus, sperrt sie in eine Kammer, die noch wärmer ist und läßt sie darin sitzen, giebt ihnen alsdenn gutes Futter, öfters reines Wasser und auch zuweilen in Wein eingeweichte Brotbrocken. Will man sie noch hitziger machen, als sie es von diesem Futter würden geworden seyn, so darf man nur getrockneten Brennesselsamen und Blätter zu Pulver stoßen und ihnen davon mit unter das Futter mengen. Bey dieser Behandlung und Pflege werden sie bald anfangen zu legen. Wenn sie denn solchergestalt ohngefähr siebenzehn bis achtzehen Eyer gelegt haben, verändert sich der Ton ihrer Stimme und sie fangen an zu glucken. Sobald man dieses bemerket, verfertiget man ihnen ein Brutnest am wärmsten Orte des Zimmers, am besten hinter den Ofen und giebt ihnen nicht mehr als höchstens zwölf Eyer zum Bebrüten. Unter gehöriger Aufsicht wird man also sehr früh im Jahre junge Küchlein erhalten und man ist im Stande auf diese Weise junge Hühner den ganzen Winter hindurch, zu haben. Um noch sicherer hierbey zu gehen, kann man diese Hühner auch unter schlechte Federbetten, die man hierzu besonders angefertiget hat, setzen. Man veranstaltet aber solches gern in einer Kammer die gegen Mittag lieget, und also die Sonne hierzu etwas beytragen könne. Dieses Brüten unter Betten hat vor der Ofenwärme dadurch einen großen Vorzug, daß die Wärme stets gleichförmiger ist, hingegen die des Ofens, bald stärker bald schwächer ist.

Wenn

Wenn man den Hühnern zur Zeit wenn sie ohne andere Beyhülfe von Natur den Trieb zum Brüten erhalten, sie bald früher bald später setzet, sich ferner im Winter, des vorhin angezeigten Kunstgriffs, sie auch in dieser rauhen Jahreszeit zum Brüten zu bringen, bedienet, und zugleich in den übrigen Jahreszeiten hindurch, die Truthühner zum Bebrüten der gemeinen Hühnereyer anwendet, so kann man sich auf diese Art das ganze Jahr hindurch, junge Hühner verschaffen.

Wenn die Hühner auf ihren Nestern sitzen und brüten, und die Hähne freyen Zutritt zu ihnen haben, so finden sich zuweilen einige darunter welche die Einfälle bekommen, sich anstatt der Hühner auf das Nest zu setzen, wenn diese zum Fressen oder Saufen davon weg gegangen, sie haben sich aber dabey so ungeschickt, daß sie jederzeit ein oder mehrere Eyer zerbrechen, man kann es diesen Hühnern ansehen, daß ihnen dieser Dienst mißfällt, denn darüber verlassen sie das Nest ganz und gar.

Zum Ausbrüten der Hühnereyer bedarf es keinesweges einzig und allein der Wärme einer Henne, sondern sie können von andern Thieren, die nur zum Brüten so lange Geduld haben, bis die Eyer auskommen, eben so gut ausgebrütet werden, und dazu schicken sich keine besser, als die Truthühner, deren man sich öfters mit Vortheil hierzu bedienet, ja selbst die Truthähne kann man dahin bringen, daß sie dieses Geschäft über sich nehmen, wovon die Art und Weise, wie es anzustellen, daß sie sich dazu bequemen, im vorhergehenden Theile auf der hundert und achtzehnten Seite, und ferner angezeigt worden ist.

Die mittlere Zeit des Brütens dauert ein und zwanzig Tage, alsdenn sind gemeiniglich die jungen Küchlein da, und aus ihren Schalen heraus, zuweilen sind zwanzig Tage hinlänglich; manche Eyer aber haben eine härtere Schale, oder es hat ihnen manchmal an der Brutwärme gefehlet, oder es hat sich ein anderer Zufall ereignet, bey solchen Gelegenheiten trägt es sich auch wohl zu, daß die Jungen erst den zwey und zwanzigsten Tag erscheinen.

Durch die Wirkung des Bebrütens, entwickelt sich nach und nach in dem Eye das junge Hühnchen, wie dieses entstehe und sich von Zeit zu Zeit bilde, bis es durch die Schale bricht und am Tage erscheinet, lese man im vorhergehenden Theile, auf der eilften und zwölften Seite nach.

Die Bruteyer öfters aus dem Neste zu nehmen, oder aus Ungeduld sie zu besehen, ist höchst unrecht, sie aber bey dem Brüten, ein paarmal mit Vorsicht zu untersuchen, sehr nothwendig, sonst würden die armen Hühner oft vergeblich auf dem Neste sitzen und brüten. Die erste Untersuchung der Eyer ob sie fruchtbar sind, kann den eilften Tag schon angestellt werden, indem man die Eyer nimmt und sie gegen das Licht betrachtet, wie sie beschaffen sind. Die nöthigste und sicherste Untersuchung geschiehet gegen das Ende der Brutzeit. Man nehme ein weißes Tuch und spanne es recht stark über ein Sieb oder ander rundes Gefäß, mit einem hohen Rande, oder nehme den Boden von einem Pulversiebe, der mit Leder bezogen, oder auch eine Kindertrommel mit einem fest gespannten Felle, setze dasjenige, so man gewählet, an die warme Sonne, hierauf wird nun ein Ey

nach

nach dem andern ohngefähr eine bis zwey Minuten lang geleget, die Eyer in denen sich starke, muntere Küchlein befinden, werden sich bey der Sonnenwärme bald regen und eine merkliche Bewegung äußern, die bald stärker bald schwächer ist und sich gleichsam wie Stöße an der Unterlage offenbaret. Diejenigen, an denen man gar keine Bewegung gewahr wird, taugen gewiß nichts und können ohne das geringste Bedenken weggeworfen werden. An allen Eyern wird man es nicht gleich stark gewahr werden, diejenigen, die sich am geringsten regen, enthalten gemeiniglich die schwächsten oder am spätesten auskommende Küchlein, ihr Auskommen muß man denn dadurch zu befördern und zu erleichtern suchen, daß man sie zeichnet, und beym Wiedereinlegen ins Nest, an den wärmsten Ort bringet, wo sie die größte Bruthitze erhalten. Am neunzehnten oder zwanzigsten Tage wiederhohlt man eben diese Untersuchung noch einmal und verfährt mit den Eyern, je nachdem sie sich stärker oder schwächer bewegen, eben so wie vorhin, dann aber überläßt man es der Natur allein, bis sie alle aus den Eyern herausgekommen, oder man hilft diejenigen, bey denen es der Schwäche halber, langsam hergehet oder mit etwaniger Lebensgefahr verbunden ist.

So viele Millionenmale man nun schon Hühner mit aller Sorgfalt hat ausbrüten lassen, so kann man doch getrost wetten, daß keine oder unter vielen Tausenden nicht eine Hausmutter weiß, wie es eigentlich zugehet, daß das Hühnchen die Eyerschale zerbricht, und herauskömmt. Herr Göze, in seinem Natur, Menschenleben rc. in dessen viertem Bande, hat die ganze Sache am deutlichsten bekannt gemacht, da er dieses auf eine so angenehme Art daselbst beschreibet, so wollen wir seine Erzählung hier von Wort zu Wort einrücken. Er fängt an:

> wozu diese Frage? wird mancher denken. Das ist ja eine den Kindern bekannte Sache. Das Hühnchen lebt im Ey. Es bewegt den Kopf und pickt mit den Schnabel ein kleines Loch in die Schale. Dieses macht es allmählig größer und zerbricht sie.

Nein, das ist noch keine so bekannte Sache als wir bisher geglaubt haben. Weil wir meinen, eine Sache vollkommen richtig zu wissen, so geben wir uns keine Mühe, sie genauer zu untersuchen, und weiter darüber nachzudenken. Das ist die Ursach, warum so viel physikalische und andere Vorurtheile, stehen bleiben. So auch hier beym Hühnchen im Ey. Ihre angeführte Meynung, ist die bisher allgemein angenommene Meynung gewesen, so lange die Natur Hühnchen oder Vögelchen aus dem Eye hervorgebracht hat. Und gleichwohl ist sie die wahre nicht, das Hühnchen hat so viel Raum im Eye nicht, daß es den Kopf zurück ziehen, und vorwärts einige mal zupicken kann.

Man hatte noch eine andere Meynung, daß nämlich die Henne selbst dieses Muttergeschäfte verrichte, und, sobald sie in den Eyern unter sich eine Bewegung verspüre, die Schalen zerbreche, und ihren Kindern zur Geburt verhelfe. Allein das ist ein offenbarer Irrthum, den das

Ausbrü-

Ausbrüten der Küchlein durch künstliche Wärme in neuern Zeiten, hinlänglich widerlegt hat.

Selbst der grosse Reaumür war der Meynung: das Hühnchen durchbreche die Schale, mit seinem Schnabel, indem es seinem Kopf schnell vorwärts bewege. Allein genauere Untersuchungen über die Lage des Hühnchen im Ey zeigten, daß eine solche Bewegung nicht Statt habe.

Ich selbst bin der Meynung lange zugethan gewesen, bis ich mir vornahm, bey mehr als einer Eyergeburt, die Sache genauer zu untersuchen. Ich öffnete kurz vor den Auskommen verschiedene Eyer, und fand daß der Schnabel des Hühnchens mit seinem, etwas erhabenen und höckerigten Obertheile, dicht an der Schale anlag. Dies ist der Theil, den die Natur dem Thierchen nicht vergeblich, sondern gleichsam zur Beförderung seiner eigenen Geburt gegeben hat. Er wird unnütz, sobald das Hühnchen ausgekommen ist. Man pflegt ihm vom Schnabel abzuziehen, damit es fressen kann, weil es dadurch am Fressen gehindert wird. Daher unter den Landleuten die Redensart: den Pips nehmen. Es ist zum Sprüchwort geworden, da man von einem ganz dummen Menschen sagt; er ist erst aus dem Ey gekrochen; der Pips ist ihm noch nicht genommen.

Mit diesem erhabenen Theil des Schnabes, geschiehet das Durchbrechen der Schale. Ich habe dies bey allen Eyern gesehen, darin das Hühnchen reif zum Auskommen war, und die ich in eine, mit der Wärme unter der Henne, proportionirte Wärme brachte. Bey einigen, worin das Thier stark und lebhaft war, sah ich, daß sich die Schale, wo das Obertheil des Schnabels anlag, einigemal hob, und da ich sogleich die Stelle öffnete, fand ich den unmittelbar darunter liegenden Höcker des Schnabels. Wenn das Hühnchen diesen Druck einigemal wiederholet, so zerplatzt die Schale, der Kopf rückt mit dem Schnabel vor, weil er weiter keine Hindernisse hat; die Oeffnung wird größer, der ganze Kopf bricht durch, und die oberste Kappe des Eyes klappt sich zurück. Das erste Platzen der Schale pflegen die Landleute das Bicken, eigentlicher das Picken zu nennen und sagen, das Hühnchen hat gepickt.

Einzig und allein durch diese Beobachtung gehet es an, daß man sich erklären kann, wie es einem Küchlein möglich sey, die Hindernisse zu überwinden, die sich seinem Ausbruche wiedersetzen. Man erwäge nur seine Lage in einem so engen Behältnisse, die ihm an alle Bewegung hindert, und denke nach ob es auch wohl angehen könnte, durch die Bewegung des Kopfes und Picken mit dem Schnabel sich eine Oeffnuug in der Eyerschale zu machen. Es liegt darin fest in der Gestalt wie eine Kugel, der Hals biegt sich an der Seite des Bauches bis zur Mitte desselben herunter, wo sich der Kopf befindet. Der Schnabel steckt unter dem einen Flügel, wie bey einem Vogel, der schläft, und zwar allemal unter dem rechten. Die Füße unter dem Bauche zusammengelegt, und die Klauen gegen den Hintern gebogen, so daß sie mit ihrer Krümmung beynahe den Kopf berühren. Der vordere Theil des Küchleins, ist gemeiniglich an dem breiten Ende des Eyes wo beständig ein leerer Raum ist. In dieser Lage wird es durch eine starke dicke Haut erhalten, welche es erst zerreißen muß, ehe es die Schale durchbrechen kann.

Dieses ist der gemeine Weg, den die Natur bey dem Brüten und Auskommen der Hühnchen und aller andern Vögel gehet, wenn sonst keine Hindernisse dagegen eintreten, solche ereignen sich zuweilen, sowohl bey dem andern Federvieh als auch hier bey unsern neugebohrnen Hühnchen. Allein ehe wir davon etwas sagen, wollen wir zuvor sehen, welche Bemühungen das junge Küchlein anwende, um vollends aus der Schale zu kommen, bis es stehen und fortlaufen kann.

Wenn es einmal die Schale durchbrochen hat, und so weit gekommen ist, daß es den Kopf heraus hat, und den vordern Theil der Schale aufheben und wegstoßen kann, so stehet ihm kein Hinderniß im Wege sich vollends aus dem hintern Theil der Schale heraus zu arbeiten. Die Füße sind zwar noch so schwach, daß sie ihn kaum tragen können und der Raum in der Schale so enge, daß es sie kaum bewegen kann, indeß ist diese geringe Kraft doch hinlänglich, daß sich das Küchlein, vermittelst derselben herausschieben kann.

Ist es aus seinem engen Behältniß völlig heraus, so streckt es seinen Hals aus, obschon es wegen seines schweren Kopfes u. seiner wenigen Kräfte viel Mühe hat, ihn in die Höhe zu halten und erst einige Zeit warten muß, so viel Stärke dazu zu sammeln. Es scheint in diesem

Zustande so schwach zu seyn, daß man glaubt, es werde sogleich wieder sterben. In kurzem hingegen gewinnen alle Theile mehr Kräfte, es dauert nicht lange so stehet es auf seinen Füßen, der Hals erhebt sich, und es kann mit denselben und den Kopf allerley Bewegungen machen. Die Federn sind ganz fein, und so lange sie noch naß sind, hat es das Ansehen als wäre das Hühnchen nackend, sobald sie aber trocken geworden, sehen sie aus wie feine, gerade stehende Haare, sie dehnen sich aus, und lassen als wenn es einem kleinen feinen Pelz um sich hätte.

Nun trifft es sich manchmal, daß ein Küchlein, aller angestrengten Kräfte ungeachtet, nicht aus der Schale heraus kann, und daß, wofern man ihm nicht zu Hülfe kommt, es gar sterben muß, die Ursach davon ist mehrentheils diese: so lange das Küchlein noch nicht aus der Schale ganz heraus ist, befindet sich zwischen diesen beyden noch eine Feuchtigkeit, die von dem Eyweiß übrig ist, diese, wenn sie trocken wird, klebt beynahe so fest wie Leim. Wenn nun diese eintrocknet, ehe das Küchlein völlig ausgeschlüpfet ist, so klebt sie die Federn des Küchleins an die Schalen fest, so daß sich ersteres nicht bewegen kann und folglich fest sitzen bleiben muß, bis es Hülfe erlanget. Mehrentheils geschiehet es wenn das Küchlein, nachdem der Kopf heraus ist, mit den Körper nicht bald nachfolget, denn alsdenn findet die Luft freyen Zutritt, so daß die Feuchtigkeit eintrocknen kann. Bey schwachen Küchlein ereignet sich zuweilen der Fall noch früher, wenn nur noch erst eine kleine Oeffnung oder Ritze in der Schale vorhanden. Wenn das Küchlein sich hören läßt und in fünf bis sechs Stunden nicht weiter kommt, als

man

man es zuerst gesehen, so ist dieses ganz sicher der Fall, und siehet man daß der Rand, an dem, an der Haut gemachten Loche, trocken ist, so darf man vollends nicht zweifeln, daß das Hühnchen mit den Federn angetrocknet sey, und sich nicht weiter helfen kann. Alsdenn muß man sogleich zu Hülfe kommen, und durch behutsames Klopfen mit einem harten Körper, den Bruch der Schale so verlängern, daß er um das Ey ganz herum gehe, und dann die innere Haut der Schale mit einem scharfen oder spitzigen Instrumente, so sorgfältig aufschlitzen, daß dem Küchlein kein Schaden wiederfahre. Zuweilen sitzt sie nicht sehr fest, alsdann kann man die ganze Operation mit den Nägeln ohne Schaden des Küchleins verrichten. Schreyet das Küchlein bey dieser Verrichtung sehr stark, so muß man desto behutsamer seyn, oder auch wohl zur Erholung ein Weilchen warten, übrigens aber langsam verfahren und Schale und Haut in kleinen Stücken nach und nach los lösen, bleibt auch hin und wieder etwas von der Haut sitzen, so schadet es nichts, denn nach Verfließung von drey oder vier Tagen, fällt es von selbst ab. Dem Hühnchen einen Theil der Schmerzen hierbey zu ersparen, kann man auch die Federn, wo sie ansitzen, mit ein im warmen Wasser getauchten Lappen anfeuchten, so gehen sie los ohne daß man befürchten darf die Federn mit auszureißen.

Denen Hühnchen die aus natürlicher Schwachheit wenn sie schon angepickt haben, nicht aus der Schale kommen können, muß man ebenfalls zu Hülfe kommen, jedoch nicht eher, als wenn man nach einem Tage oder Nacht siehet, daß sie nicht weiter gekommen.

Ehe die Hühnchen aus des Schale schlupfen, ziehet sich der übrige Dotter in den Leib hinein, nun geschiehet es zuweilen, daß die Küchlein zu früh anpicken, wollte man nun, oberwähnter maßen obige Operation mit Zerbrechen der Schalen, mit ihnen vornehmen, so würde man eher ihren Tod, als ihr Leben befördern, es ist also besser, so lange zu warten bis keine Gefahr mehr vorhanden und die Natur die Entstehung des Jungen beendigt hat. Man kann indessen solchen leidenden Thierchen wenn sie zu schwach werden, doch dadurch etwas zu Kräften verhelfen, wenn man Wein mit Wasser vermischt, etwas Zucker darin auflöst, solches laulicht warm macht, und zur Zeit wenn es schreyet, ihnen den Schnabel damit benetzet, bey welcher Gelegenheit es unbemerkt ein Tröpflein hinunterschlucket und dadurch gestärket wird.

Eyer, die bis zu Ende des ein und zwanzigsten Tages liegen und wovon man nicht das geringste Zeichen spüret, daß sie ein lebendiges Küchlein enthalten, werfe man ohne Bedenken gleich fort.

Die ersten vier und zwanzig Stunden läßt man die Küchlein noch gerne unter der Mutter zubringen, und da sie während dieser Zeit noch genug Nahrung von den Dotter in sich haben, so bedürfen sie so lange auch noch kein Futter. Die Mutter hingegen muß genau beobachten und sehen ob sie ruhig sitzen bleibt, wenn sie Junge und noch unausgekommene Eyer gnüglich unter sich hat. Manche Hühner sind so erfreuet wenn sie ihre neugebornen Kinder sehen, und haben solche Neigung für sie, daß ihnen alle Geduld zum fernern Sitzen vergehet und die noch unausgekommene Eyer liegen lassen, oder sie gehen unbehutsam

sam damit um. Wenn man dieses gewahr wird, müssen ihr die kleinen Küchlein weggenommen und nicht eher wieder zu ihr gebracht werden, als bis sie alle aus den Eyern heraus sind. Die zuerst erschienenen jungen Hühnchen, setzt man in etwas Wolle in einem Siebboden, oder noch besser, in einem Topf worin hinlänglich weiche Federn gelegt, daß sie weich und warm zugleich sitzen, und damit sie desto wärmer bleiben, setzt man den Topf nahe an einen Ofen, hierin läßt man sie so lange, bis die übrigen alle auch ausgekommen und die Mutter sie selbst besorgen kann.

Es nicht eben die Wärme einer Bruthenne zum Ausbrüten der Hühnereyer nöthig, sondern auch wie schon gesagt, die der Kapaunen und Truthühner, ist dazu hinlänglich, welcher beyden man sich zu der Zeit, wenn die Hühner nicht legen, mit guten Vortheil bedienen kann, ja sogar eine jede Wärme die achtzehn Grad nach Reaumürs Thermometer beträgt, bringt diese Wirkung hervor, daher haben Frauenzimmer so gar schon versucht, Eyer in ihrem Busen auszubrüten, und wenn sie recht vorsichtig umgegangen sind, ist die Sache nach Wunsch gerathen. Die Chineser und Aegyptier bedienen sich der künstlichen Hitze zum Ausbrüten der Hühnereyer mit großen Vortheil und haben eine besondere Art von Backöfen, worin sie mehrere Tausend mit einenmale ausbrüten. Nahe bey Cairo giebt es Dörfer, die diese Kunst als ein Geheimniß betreiben und sich größtentheils, von den Verkauf der jungen Hühner ernähren, die sie jährlich zu Millionen in ihren Oefen ausbrüten. Die Bauern in der dortigen Gegend herum,

herum, bringen täglich Eyer in Menge, zu den Eigenthümern dieser Brutöfen, und empfangen für jeden Korb voll Eyer, sogleich eben den Korb voll junger Hühner. Beyde Theile gewinnen dabey, der eine hat sogleich mit einemmale viele junge Hühner ohne allen Zeitverlust und Mühe und der andere erhält weit mehr Eyer, als er Hühner gab, weil von diesen nicht so viel in den Korb gehen als von jenen.

Bey uns hat man diese Methode nur abgeändert, mit glücklichen Erfolg nachgeahmet, besonders sind die Versuche des Herrn Plantageninspektor Thym, die im vorhergehenden Theile, auf der neunten Seite beschrieben, sehr gut ausgefallen und zugleich gezeiget, daß dieses künstliche Ausbrüten, auch bey uns mit Vortheil betrieben werden könne. Alles kommt hierbey auf den rechten Grad und Vertheilung der Wärme, wie auch insonderheit der Abhaltung der Feuchtigkeit an.

Der zwey und dreyßigste Grad nach Reaumür, ist der Wärme einer Bruthenne gleich, und diesen muß man zu erhalten suchen, doch aber lieber etliche Grade weniger, als zu viel. Die Art der Wärme ist übrigens einerley, sie sey von Mist, einer Lampe oder Ofen ꝛc.

Ein junges Huhn ist wenigstens acht mal so viel werth, als ein Ey, sonderbar ist es also, daß hierin noch nicht, besonders in Gegenden, wo das junge Federvieh viel gilt, oder wo die Feuerung wohlfeil ist, mehrere Versuche sind angestellt worden, die größte Schwierigkeit möchte wohl in Aufbringen und Erwärmen der jungen bestehen, unser kaltes und feuchtes Klima legt viel Hinderniſſe dagegen im Weg, beson-

besonders in den ersten acht Tagen, wo sie der mütterlichen Bedeckung und Pflege so sehr nöthig haben, es sind zwar allerley Dinge ersonnen und in Vorschlag gebracht, wie man solche, durch Kunst ausgebrütete Küchlein ohne Mutter erziehen könne, allein bis jetzt hat man noch kein Mittel erfunden, wodurch ihnen die ersetzt würde, und ehe das nicht möglich ist, darf man bey uns auf kein künstliches Ausbrüten mit Vortheil gedenken. Es ist also am besten dieses Geschäfte der Natur ferner zu überlassen, genug daß wir Kapaunen und Truthühner haben, die wir anstatt der Bruthühner gebrauchen können und die, wenn wir es verlangen, zweymal im Jahre brüten können, und also junge Hühner genug hervorbringen, so daß, wenn man diese verkauft und jene mästet, Vortheil genung heraus kommt, zumal wenn man das Futter selbst gewinnt, und nahen Absatz hat.

Sobald die Küchlein aus dem Ey heraus sind, so bedürfen sie der Vorsorge, sowohl ihrer Mutter als der Menschen, die mehresten aber von der ersten, welche, nachdem sie mit solcher Beharrlichkeit die Eyer bebrütet, ihre Sorgfalt vielfältig verdoppelt, sobald sie ihre Nachkommen vor sich siehet. Beständig ist sie beschäftigt Nahrung für sie zu suchen und sie ihnen anzubieten, findet sie nichts auf der Erde, so scharret sie dieselbe mit ihren Füßen herum auch da noch Nahrungsmittel nachzuspühren, und sie selbst, leidet lieber Hunger, nur allein um ihre Küchlein zu sättigen. Sind sie zerstreut so lockt sie sie zusammen, bedeckt sie mit ihrem Leibe und Flügeln wieder die Witterung, ja ihre Sorgfalt gehet so weit, daß sie ihr

Ansehn verliret und ganz mager wird, sie bekömmt straubige Federn, läßt die Flügel hängen und sucht nur die Einsamkeit.

Eine gute Glucke scheuet keine Gefahr, die ihren Jungen drohet, und wendet alles an sie zu vertheidigen, selbst mit Gefahr ihres Lebens. So muthlos sie sonst ist, so herzhaft zeigt sie sich bey Ansicht eines Raubvogels, und durch ihr wiederhohltes Geschrey, durch ihr Schlagen mit den Flügeln, und durch ihren unerwarteten Wiederstand, erschreckt sie denselben oft, so daß er sich entfernet. Sie bezeigt sich aber nicht allein so treu gegen junge Küchlein, sondern auch gegen andere junge Thiere. Z. B. Enten, die sie ausgebrütet hat, wenn diese von ihren Trieben geleitet nach dem Wasser eilen, so gehet sie ihnen so weit sie kann im Wasser nach, und man kann ihr die Sorge und Unruh ansehen, die sie hat, aus Beysorge ihre Jungen zu verlieren.

In Absicht der Sorge, die eine Viehwärterinn für die jungen Küchlein haben muß, ist zu bemerken, daß, wenn die Küchlein alle ausgebrütet sind, so bringt man sie mit der Mutter zusammen. Die ersten Tage setzt man Jung und Alt zusammen unter einem Hühnerkorb, ist es kaltes Wetter so setzt man sie damit in das Zimmer, oder verwahret den Korb durch warme Bedeckung wieder die kühle Luft. Darauf gewöhnet man sie allmählig zu der Luft. Wenn sie sieben oder acht Tage alt sind, und das Wetter trocken und warm ist, kann man sie vollends an die Luft herausbringen, die Glucke sperret man unter den Hühnerkorb, der so viel von der Erde erhöhet ist, daß die jungen darunter heraus und hinein laufen können,

nen, die Alte aber darunter zu bleiben gezwungen ist, je wärmer dann die Sonne scheint, desto besser bekommt es ihnen. Des Morgens muß man sie nicht zu früh herausbringen und des Abends früh wieder herein holen, werden sie dabey gut gepflegt und gefüttert, so wachsen sie in kurzer Zeit bald so heran, daß man sie, sich selbst überlassen und zu den andern alten Hühnern bringen kann.

Das Futter betreffend, so darf man sie die ersten vier und zwanzig Stunden ihres Lebens nichts geben, hernach aber futtert man sie die ersten vierzehn Tage mit Hirse oder Buchweitzengrütze, die erstere ist ihnen aber am zuträglichsten, und damit ihnen solche Beköstigung nicht nachtheilig werde, so muß man ihnen von Zeit zu Zeit gekochte Gerste geben, oder das Ausgesiebte von Weitzen, ebenfalls gekocht, oder auch den Abfall von Brotkrumen, vom Tische, wobey es aber an frischen Wasser und groben Sande nicht fehlen muß. Sonst ist auch dieses noch ein gutes Nahrungsmittel für die Küchlein, wenn man Buchweitzengrütze oder gestampfte Hirse, ingleichen durchgeschlagene Erbsen, zu einem steifen Brey kocht, und es ihnen kalt giebt.

Bey aller Vorsorge werden sie oft mit dem Pips befallen, nichts bewahret sie besser davor, als wenn man sauern Kohl kochet, ihm wieder kalt werden läßt, und dann zuweilen den jungen Hühnern etwas davon zu fressen giebt.

Kälte und Regen scheuen schon die alten Hühner, wie vielmehr muß es nicht den jungen und noch zarten schädlich seyn; verwahret man sie nicht vor beyde, so gehet gemeiniglich eine Anzahl von ihnen drauf, oder werden krank und gedeihen nicht. Sobald nur ein Gewitter, oder Platzregen in der Luft ankömmt, muß man eilen, die Glucke mit den Küchlein herein zu holen, sonst erkälten sie sich so stark, daß der Tod sie fast alle wegrafft.

Wenn sie aus dem Ey kommen und sich abgetrocknet haben, sehen die Federchen noch als feine Hare aus, das macht sie stecken vorher in einer Röhre, die in einer weichen Haut bestehet und zerspringt, sobald sie trocken werden, vermöge der Federkraft dehnen sich dann die Bärtchen der Federn aus, und die Küchlein scheinen einen Pelz von Haren zu haben, der ihnen sehr warm sitzet, so wie sie aber heran wachsen, bilden sich die Federn auch immer mehr aus, bis sie ihre völlige Gestalt erhalten.

Da es so schwer hält, Küchlein ohne Mutter oder Führerinn aufzuziehen, und es sich zuweilen begiebt, daß die Glucke stirbt oder durch andere Zufälle wegkommt, so muß man nicht säumen, ihnen sogleich eine andere wieder zu verschaffen, und das kann auf keine bessere Weise geschehen, als daß man sie einer Henne anvertraut, die schon Küchlein führet, die ohngefähr von eben dem Alter sind, sie lassen sich bald gewöhnen und die Alte sorgt hernach für diese Pflegekinder, so gut als für ihre eigene.

Wenn sie nicht zu klein sind, daß sie noch durchaus alle zugleich von der Mutter besessen, oder erwärmet werden müssen, so kann man einer Henne, wohl die Küchlein von drey Bruten zu führen, sicher anvertrauen.

Wenn die Küchlein so weit heran gewachsen, daß sie der Mutter nicht mehr bedürfen, entfernen sie sich nach und nach selbst von ihr, oder die Mutter, wenn sie solche so weit gebracht hat, daß sie sich ihr Futter selbst suchen können, verläßt sie; dann aber ist es nöthig, daß man sich ihrer noch eine Zeitlang annehme und fleißig futtere, welches wenigstens des Tages dreymal geschehen muß. Je sorgfältiger dieses geschiehet, desto eher wachsen sie heran, werden bald zum Genuß brauchbar und die größten Hähne können um so früher gekappt werden.

Wem es um die Menge junger Hühner zu thun ist, sie mögen nun zur Zucht, zum eigenen Verbrauch oder zum Verkauf bestimmt seyn, der muß seine Hühner beym Legen zu erhalten suchen, damit er Eyer genug bekomme; zum Brüten aber, sich der Truthühner oder allenfalls der Kapaunen bedienen, denn sie sind größer und stärker, daß man manchen wohl an dreyßig Eyer unterlegen kann, diese sind vermögend, wegen ihrer Stärke, die Jungen noch besser gegen Raubvögel und andere Feinde kräftig zu schützen.

Will man die jungen Hühner die zum Schlachten bestimmt sind, gern bald und recht fett haben, so nehme man sie, sobald sie die Mutter missen können, von derselben weg, sperre sie ein und futtere sie acht Tage lang mit Hirse in Milch gekocht, es wird sich finden, daß sie in dieser kurzen Zeit speckfett geworden sind.

Den rothen Kamm oder Lappen bringen die Küchlein nicht mit aus dem Eye, erst nach vier Wochen fängt derselbe an, sich zu entwickeln, Nach acht Wochen fangen die Hähnchen schon an zu krähen und miteinander zu streiten, ob schon sie selten wissen mögen warum sie es thun, denn Eifersucht kann bey ihnen der Fall noch nicht seyn. Im fünften und sechsten Monat

nat ihres Alters, gehen sie schon den Hühnern nach, und diese machen den Anfang mit Eyerlegen. Dessenungeachtet aber, endet sich ihr völliger Wachsthum erst, wenn sie fünf viertel Jahr zurück gelegt haben.

Mit den jungen Hähnen läßt sich noch eine besondere thierische Einimpfung machen. Man schneidet ihnen nämlich den Kamm ab, und setzt einem von ihren jungen Spornen, die nur noch bloße Knöpfchen zu seyn scheinen, an deren Stelle, so daß er in die doppelte Haut des abgeschnittenen Kammes eingeschoben wird. Dieser eingepfropfte Sporn pflegt allmählig einzuwurzeln, aus dem Fleische Nahrung zu ziehen und stärker zu wachsen, als an dem Orte, wo er eigentlich hingehöret, geschehen seyn würde. Diese Hörner, wenn man sie so nennen will, werden zuweilen an drittehalb Zoll lang und haben am dicken Ende beynahe einen drittel Zoll im Durchmesser.

Die Hühner haben viel Eigenes an sich, wodurch sie sich nicht allein von andern Vögeln, sondern auch unter sich selbst unterscheiden, denn das Betragen des Hahns, der Henne und Glucke, sind in vielen Stücken sehr unterschieden, an Verstandskräften aber sind sie sich wohl gleich, obschon sie davon nur wenig besitzen, welches bey mancherley Gelegenheiten, leicht zu bemerken ist. Folgende possierliche Art, sie, wenn es auch das wildeste und schüchternste Huhn ist, zum Stilleliegen zu bringen, kann davon zum Beweise dienen.

Man nehme das Huhn, lege es auf einen Tisch und ziehe hinten die Füße lang aus, drücke den Kopf nieder und lasse die Hand drückend darauf liegen. Ein anderer, ziehet indessen vom Schnabel an mit

Kreide,

Kreide, einen breiten Strich vor ihm hin, so wird es eine geraume Zeit, wenn man die Hand allmählig abziehet, ganz stille liegen bleiben, weil es denkt, der Strich von Kreide sey ein Balken, der ihm auf den Kopf lieget. Gleicherweise liegen sie auch stille, wenn man anstatt des Kreidestriches ihnen in eben der Stellung einen Spahn, ein hinlängliches Stück Pappe oder sonst etwas auflegt, so daß das eine Ende auf den Kopf, das andere aber über den Schnabel weg, auf den Tische ruhet.

Das Krähen des Hahns zur Nachtzeit, läßt sich wohl nichts anders erklären, als daß sie durch gewisse Empfindungen der Luft dazu gebracht werden.

Die Stimme des Hahnes, ist nach Umständen wenn er seine Hühner ruft, oder warnet, oder ihnen etwas darbietet, sehr verschieden und wird von selbigen wie man siehet, gut verstanden. Werden sie verfolgt oder aus einander gescheucht, so unterscheidet sie sich nicht von der, der Hühner.

Die Henne hingegen giebt einen ganz verschiedenen Ton von sich, sobald sie ein Ey gelegt; als Glucke aber verändert sie ihre Stimme abermals und als Küchlein haben sie gar nichts ähnliches darin, mit den alten Hühnern. Die Hühner machen wie es scheint, zuweilen auch einem Versuch zu krähen, das rührt aber nicht von ihren Willen dazu her, sondern nur wenn sie zu fett sind, oder ihnen die Krallen durch Krämpfe so zusammen gezogen werden, daß sie schreyen müssen. Einen possierlichen Ton giebt der Hahn von sich, wenn man ihm während des Krähens unterbricht.

Ein Hahn ist so unerschrocken und muthig, daß er nicht allein stets bereit ist, mit einem jeden seines Gleichen, wenn er zu seinen Hühnern zu kommen sich gelüsten läßt, den Streit anzuheben, sondern scheuet sich nicht einmal, es mit den viel größern und stärkern Puthähnen aufzunehmen, und wenn auch ihrer mehr als einer sind. Er weicht diesen keinen Schritt, stellt sich ihnen unerschrocken entgegen, und nicht selten siehet man ihn bey diesem Kampf als Sieger das Feld behaupten, oder hat er auch unterliegen müssen, so stellet er sich doch nach geendetem Kampf hin und krähet so muthig, als wenn er Ueberwinder geblieben wäre.

Es giebt verschiedene Dinge, die den Hühnern, wenn sie davon fressen, sehr schädlich sind, darunter die bittern Mandeln oben an stehen, und ein so starkes Gift für sie sind, daß, so bald sie davon fressen, durchaus hülflos sterben müssen. Der Genuß vieler lebendiger Käfer kann sie auch tödten, wenn diese Thiere indem sie lebendig in den Kropf kommen, ohne daß sie mit dem Schnabel zu Tode gedrückt worden. Hier aber ist, wenn es bey Zeiten bemerkt wird, noch ein geschwindes Rettungsmittel möglich, man darf ihnen nur oberhalb an der Seite den Kropf öffnen, die Käfer herausnehmen und die Wunde wieder zuheften; der Schaden heilet bald zu, ohne Nachtheil des Huhns.

Petersilie, Kaffeebohnen oder der weggeworfene Bodensatz des Kaffees, sind ihnen nicht weniger schädlich und oft gar tödtlich.

Von den Kernen der Weintrauben, wie auch Bohnen und deren Hülsen, sagt man, daß die Hühner

ner unfruchtbar würden, nicht gut legen und brüten sollen.

Die Hühner sind mancherley und vielen Krankheiten unterworfen, die theils von Beschaffenheit ihres Körpers, theils vom Mangel rechter Pflege ihren Ursprung haben.

Außer der Bewahrung vor Kälte im Winter, Versorgung mit einem guten und reingehaltenen Stalle, und zur rechten und gehörigen Zeit genugsamer Futterung, lobt man noch den sauern Kohl oder Sauerkraut und die Ebereschenbeeren, als zwey vortrefliche Vorbauungsmittel gegen viele Hühnerkrankheiten. Den erstern giebt man ihnen dann und wann gekocht, aber wieder erkaltet, zu fressen. Die Ebereschenbeeren hängt man ihnen im Herbst, zu Zeiten büschelweise zum Abzupfen hin, im Winter aber läßt man die getrockneten Beeren zuvor, ehe man sie hineinwirft, erst in laulichtem Wasser aufquellen.

Spinnen, Fliegen, schwarze Ameisen, ingleichen geschabter Knoblauch und Raute mit Butter vermischt, ihnen hingesetzt und in das Wasser zuweilen Hammerschlag gelegt, sind alle zusammen ebenfalls ganz vortrefliche Präservativmittel der Hühner.

Es ergehet den Hühnern wie den andern zahmen Hausthieren, daß sie mit weit mehr Krankheiten befallen werden, als wenn sie sich in ihrer Freyheit befinden und darin leben können, wie es ihre Natur erfordert. Sie sind einer großen Zahl Krankheiten ausgesetzt, die wir kennen und von einander unterscheiden, viele mögen sie aber noch wohl überfallen, die wir wegen Mangel der Kennzeichen nicht einmal wissen oder erfahren. Sie haben unter allem

Hausgeflügel unstreitig die mehresten Freunde und Liebhaber, es wird diesen also wohl nicht unangenehm seyn, wenn die bekanntesten Krankheiten und die bisher erprobten vorzüglichsten Mittel dagegen, hier angeführet werden.

Die ersten Kennzeichen der Krankheit eines Huhnes, giebt es durch das Niederhängen der Flügel zu erkennen, welches mit Mangel des Appetits mehrentheils begleitet ist. Sobald man dieses gewahr wird, muß man ungesäumt untersuchen, wovon die Krankheit herrühret, und was es für eine seyn mag.

Der Pips ist die allergewöhnlichste und stehet deßhalb hier oben an. Er rühret von einer Verstopfung der Drüsen und Erhärtung der Zungenspitze her, und breitet sich nach und nach immer weiter die Zunge herunter, bis zuletzt in den Magen aus, währeno er nicht geheilet wird. Als Ursachen giebt man das zu häufige futtern mit Korn oder auch mit Buchweitzen, an. Warmes, frisches Brot, faules, unreines, in fichtenen oder eichenen Trögen stehendes Wasser, und vorzüglich Mangel an Insekten, bey eingesperrten Hühnern, geben noch eher Anlaß dazu. Die gewöhnliche Kur ist, daß man mit einer Stecknadel oder Federmesser, die harte Zungenhaut abschälet, und ihnen einige Stückchen Speck in rohen fein gestoßenen Spießglase umgewälzt, oder ein wenig klein geschnittenen Knoblauch mit Butter, oder auch ein paar Pfefferkörner mit Butter eingiebt. Es kömmt sehr darauf an, es zeitig zu bemerken, wenn die Hühner damit befallen werden, weil alsdenn das Mittel sehr leicht ist.

Die

Die Hühner sträuben sich bey dieser Operation sehr und halten nicht stille; dies zu verhindern, halte man sie bey den Beinen unterwärts, setze sodann den Daumen in den einen Winkel des Schnabels und den Zeigefinger in den andern, auf diese Art öffnet man den Schnabel, und alsdann schabt man das Häutchen mit dem Nagel oder mit einer Nadel langsam hinunter, ziehet es ab und trennet es von der Zunge, die man alsdenn auch mit einem Tropfen Weinessig oder Speichel benetzet, einige nehmen auch Meersalz dazu, oder wie vorhin gesagt, Butter. rc.

Die Darre ist eine Verhärtung der Fettdrüse hinten über dem Schwanz, man muß sie öffnen und dann mit ungesalzener Butter bestreichen oder mit Weinessig waschen. Die darin befindliche Materie muß völlig reif seyn, ehe darf man das Oeffnen nicht vornehmen, auch muß sie rein ausgedrückt werden, sonst frißt sich die zurückgebliebene Materie ein, und kann den Knochen anfressen, deßhalb ist es auch am besten die Wunde groß und mit einem scharfen Federmesser zu machen. Man kann es dem Vieh leicht an den Federn ansehen, wenn sie die Darre haben, denn alsdenn sehen sie alle rauh aus, oder wie man sagt plustierig.

Die Verstopfung rühret zum Theil von hitzigen Futter, als Korn, Hanfkörner, Spargelsamen rc., wenn sie davon zu viel fressen, her, theils ist sie auch ein Vorgänger der Darre. Man heilet sie am geschwindesten, wenn man von gestoßenen Sennesblättern und Mehlteig Pillen macht, und ihnen täglich ein paar davon eingiebt.

Die steifen Beine, das Zipperlein genannt, bekommen sie von der Kälte oder zu unreinen Ställen. Man reibt ihnen dagegen öfters die Füße mit Butter, und sorgt, daß den beyden Ursachen davon abgeholfen werde. Bisweilen sind ihnen hierbey die Füße so geschwollen, daß sie nicht auf den Stangen sitzen können.

Sie bekommen auch öfters aufgeblasene Kröpfe, die ebenfalls von erhitzenden Futter entstehen. Die Kennzeichen davon sind, daß sich die Hühner immer räuspern und mit dem Schnabel schleudern. Dieser Zufall ist ohne Hülfe, tödtlich. Sie zu retten, schneidet man an der Seite oben den Kropf auf, nimmt die Klumpen vom Futter heraus, heftet die Wunde zu und bestreicht sie mit Butter und Essig.

Ob sie gleich zu gewissen Zeiten, von Natur die Federn verlieren, so muß man es doch zu ihren Krankheiten rechnen, weil sie sich gemeiniglich unpaß dabey befinden und leicht andere Krankheiten dazu schlagen können. Man muß sie also zu der Zeit, um dergleichen vorzubeugen, gut futtern und nicht Mangel leiden lassen, oder der kalten Witterung aussetzen.

Von dumpfigem Futter pflegen sie gemeiniglich einen dicken Kopf zu bekommen, und dieses ist fast immer mit den Pips begleitet, wo man hierin nicht gleich Anfangs dazu thut und vorbeuget, so ist die Krankheit unfehlbar tödtlich. Das bekannteste Mittel dagegen ist, man reibe ihnen den Gaumen und die Naselöcher gelinde mit Salz, und gebe ihnen hernach ein paar Kaffeelöffel voll Franzwein, eben so viel weißen Thran, auch eine Zehe geschabten Knoblauch mit Butter ein. Haben sie nichts in dem

Kropf, so stecke man ihnen drey bis vier Stückchen länglich geschnittenes und in Wasser getauchtes grobes Brot, ein, und setze ihnen reines Wasser zum Saufen vor. Fressen sie hernach noch nicht allein, so wiederholet man noch die folgenden Tage, das Einstecken des Brotes, fressen sie aber, so können sie mit Buchweitzen oder Brotkrumen gefüttert werden. Uebrigens sondere man sie bey diesem Zufall, von allen übrigen Hühnern ab und sperre sie allein ein, bis sich die Krankheit leget.

Das meiste Federvieh, und darunter die Hühner insonderheit, sind sehr mit der fallenden Sucht behaftet, sie haben dabey heftige Verzuckungen und andere böse Zufälle, die ihnen oft den Tod verursachen. Man beschneidet ihnen dagegen die Nägel und benetzet sie mit Wein. Sieben bis acht Tage futtert man sie mit nichts als mit gekochter Gerste, und hernach mit Kohl und Betenblätter zum Abführen, zuletzt aber zwey oder drey Tage lang mit reinen Weitzen. Hanfsamen oder frischen Rocken dürfen sie durchaus nicht haben.

Von gar zu feuchtem Futter bekommen sie oft den Durchlauf. Man heilet sie oft bloß dadurch, wenn man ihnen einige Tage lang Hülsen von Erbsen giebt, die vorhero in siedendes Wasser eingeweicht worden, hilft das nicht, so gebe man ihnen gestoßene Tormentilwurzel. Sonst hilft nichts geschwinder als ein wenig geraspeltes Hirschhorn in rothen Wein gekocht, des Morgens und Abends jedesmal acht Tropfen davon eingegeben. Nur muß bey dem letzten Mittel der Durchlauf nicht von Unverdaulichkeit herrühren,

rühren, in diesem Fall muß man erst vier bis fünf Tage warten, ehe man ihnen davon etwas eingiebet.

Der Kropf der Hühner kann sehr aufgeblasen seyn, und rothe Adern daran zum Vorschein kommen, sie räuspern sich und wenn sie auf das Futter sehen, werfen sie es zurück, diese Krankheit nennt man die Melancholie. Selbige zu heilen, zerstößt man Melonenkerne, vermischt sie mit Hirse, zerhackten Beten und Laktukensalatblätter, und Kleye die im Wasser geweicht worin Zucker zergangen ist. Hiermit futtert man sie zehen Tage lang einen um den andern, giebt ihnen kein ander Wasser zum Saufen als worin Zucker zerlassen.

Man nennt es die Krätze, wenn den Hühnern außer der Mauserzeit die Federn ausfallen. Zur Kur gebraucht man klein gehackte Salatblätter, Bete, Kohl und Kleye zusammen vermischt und in etwas Wasser geweicht. Man bläset ihnen auch mit dem Munde Wein auf den Leib und lässet sie an der Sonne oder Feuer trocknen.

Der Katharr oder das Röcheln entstehet, sowohl wenn sie der Kälte, als auch zu lange einer großen Hitze ausgesetzt gewesen sind. Sie suchen zwar die scharfe Materie aus dem Halse herauszubringen, zuweilen kommt auch etwas, aber nicht so viel daß sie gesund werden können. Um sie zu heilen muß man ihnen die Nasenlöcher durchstechen, und wenn sich der Fluß nach den Augen oder nach der Seite des Schnabels ziehet, und daselbst eine Geschwulst formiret, muß man diese öffnen, die Materie herausbringen, die Wunde mit warmen Wein waschen, und hernach recht fein gestoßenes Salz hineinstreuen.

Auch

Auch der Schwindsucht ist das Federvieh unterworfen, sie ist gemeiniglich die Nachfolgerinn der Wassersucht, davon die Ursach in den Magen oder den Gedärmen lieget oder auch in den drüsigten Gefäßen der Haut. Im erstern Fall ist ihr leicht zu helfen, man darf den kranken Huhne nur nichts als gekochte Gerste mit Bete vermischt, zu fressen geben. Im zweyten bedienet man sich eben dieses Mittels, aber im dritten ist keine Hülfe zu leisten, es muß zuletzt sterben.

Zu fett seyn, ist auch eine Krankheit, man macht sie dadurch wieder mager, wenn man ihnen gestoßene Kreide unter das Wasser, und naß gemachte gestoßene Ziegelsteine, unter das Futter menget. Bekämen sie etwa den Durchfall hiernach, so bratet man ein Ey recht hart, zerstößt es denn mit eben so viel gekochten Rosinen durch einander, und giebt ihnen davon zu fressen.

Manchen Hühnern wird das Legen der Eyer sehr schwer, in diesem Falle darf man nur denselben ungefähr drey Körner Salz in den Hintern stecken, mehr wird nicht erfordert, um der Henne geschwinde vom Ey zu helfen.

Bey Beinbrüchen muß man sie nicht verbinden, dadurch würden Entzündungen und Geschwüre entstehen, besser, man sperre sie in eine Kammer wo keiner etwas zu thun hat, sie also nicht gestöret und herum gejagt werden, oder setzt sie unter einen Hühnerkorb, wo sie nicht auffliegen können, so heilet es von sich selbst wieder.

Die Augenentzündung der Hühner entstehet von innerlicher Hitze, dagegen legt man ihnen eine Hals-

binde

binde an, die im Wegerichsafft, worin Alaun aufgelös't, getaucht worden, oder sie rühret von feuchter Nahrung und neblichter Luft her, alsdann reibt man ihnen zweymal des Tages die Augen mit halb Wasser und halb Branntwein, und macht von ein wenig Manna, etwas Mönchs-Rhabarbar, genugsamen Roggenmehl und einigen Tropfen Pfirsichblumensyrup, Pillen einer Erbse groß, wovon man sie Morgens und Abends zwey Stück verschlucken läßt.

Der Staar entstehet aus eben den Ursachen und wird auch mit eben den Mitteln geheilet, deren Kräfte man allenfalls durch Urin, Kandiszucker oder Alaun vermehren kann, helfen diese nichts, so ist kein anderes und sicheres Mittel, als die Haut mit der Spitze einer Nadel weg zu nehmen. Es gehöret aber viel Geschicklichkeit dazu den Kopf so nieder zu legen, daß er nicht die geringste Bewegung machen könne, so lange die Operation dauert. Sobald man diese weggenommen hat, muß man das Auge mit Frauenmilch anfeuchten, damit es durch den plötzlichen Eindruck der Luft nicht trübe werde. Dann muß man das Huhn an einen dunkeln Ort setzen, nachdem man demselben vorher einige Kügelchen, zusammengesetzt von gestoßenem Pfeffer, Roggen-Kleye und Hirse, und Pillen davon gemacht, in den Hals gesteckt und verschlucken lassen, selbiges bis an den andern Tag, in dieser Dunkelheit halten, ihm nach und nach mehr Licht geben, bis endlich das Licht keinen so heftigen Eindruck mehr machen kann. Den dritten Tag nach der Operation ist nichts mehr zu befürchten oder wenn man es doch nicht wagen will, noch ein

bis

bis zwey Tage länger in einer nicht allzu hellen Kammer, eingesperrt behalten.

Unter den Feinden der Hühner ist unstreitig der Mensch der grausamste. Was für eine Menge von jung und alt, wird nicht das Jahr hindurch ermordet und verzehret. Die übrige Zahl der Feinde unter den vierfüßigen Thieren und Vögeln, ist auch nicht geringe. Der Fuchs, Marder, Iltis und Wiesel stehen oben an und würgen nicht bloß des Fleisches willen, wenn sie zu den Hühnern gelangen können, sondern am mehresten, um sich an den Blute zu sättigen, und dann erst, wenn dieses geschehen und sie nicht gestöret worden sind, fangen sie an zu fressen und die Todten fortzuschleppen.

Das Wiesel und der Iltis stellen nicht allein den Hühnern selbst, sondern auch den Eyern sehr nach, die sie gern aussaufen. Zu dieser Art Feinde kann man auch die braunen und schwarzen Ratten zählen, die große Liebhaber von Eyern sind, und sich sogar an die jungen Hühner machen, die sie sowohl wie andere Raubthiere würgen und fressen, besonders ist die erste Art sehr schlimm, indem sie so viel erwürgen als sie habhaft werden können.

Die Katzen und Hunde gewöhnen sich auch wohl zuweilen das Aussaufen der Eyer an, und erstere sogar zuweilen das Ermorden der Küchlein, wenn das ist, so schaffe man sie ab oder tödte sie lieber sogleich, wenn sie sich aber blos an dem Aussaufen der Eyer begnügen, so kann man ihnen dieses Laster leicht abgewöhnen, man nehme nur ein recht heißes Ey, und stecke ihnen solches in das Maul, die Lust wird ihnen bald vergehen und sie werden hernach die

Eyer gern unangetastet liegen lassen. Gewissermaßen sind die Schweine ebenfalls als Feinde der Küchlein und Hühnereyer zu betrachten, sie dürfen nur ein wenig hungrig seyn, wenn sie zu einem Neste gelangen können, so lassen sie von Küchlein und Eyern nichts übrig, und verschlingen alles was sie finden.

Die Raubvögel die den Hühnern am gefährlichsten sind, ist vor allen der Hühnerweihe oder der Hühner- oder Kiekendieb, der bekanntesie, wiewohl Krähen, Eulen, Aelster und Raben, sich auch zuweilen welche hohlen.

Wer seine Küchlein und Hühner wieder diese sämmtlichen Feinde schützen will, der muß sie des Tages über, in steter guter Aufsicht erhalten und an Oerter bringen, wo sie bey Gefahren sogleich einem Zufluchtsort finden und geschützt sind; des Nachts aber in gute fest verschlossene Ställe, worin es den Raubthieren unmöglich fällt einzudringen, wem es hingegen erlaubt ist, muß keinen Fleiß und Mühe sparen dergleichen schädliche Thiere zu vertilgen.

Man sagt die Füchse ließen sich von den Hühnern abhalten, wenn man die Hühnerställe mit Fuchsgalle bestreiche und den Hühnern Fuchsfleisch zu fressen gäbe, das letztere wäre wohl ein Wiedervergeltungsrecht, wodurch sich gleichwohl die Füchse nicht würden abhalten lassen, sich wieder zu rächen, wenn sie die Hühner erwischten, eher möchte sich wohl ein Fuchs vom Stalle entfernen, wenn er den Geruch der Galle seines Kameraden wittert, und also Gefahr befürchtet.

Man hat noch ein sympathetisches Mittel, die Füchse von den Hühnern abzuhalten, daß sie keine

tödten.

tödten. Die Erfindung wird einen Müller zugeschrieben, der mitten in einen Walde gewohnet, wo sich viele Füchse aufgehalten und wo sich doch nie, einer an seinen Hühnern vergriffen. Das Mittel selbst bestehet darin, der Müller benahm den Hühnern alle Gelegenheit anderes Wasser zu saufen, als dasjenige was er ihnen hinsetzte und in dieses hatte er stets Stockfisch eingeweicht, oder wenn er denselben kochte, brauchte er das Wasser auch dazu und dieses war alles, wodurch er seine Hühner vor den Füchse sicher stellte.

Ferner sind die Hühner mit besondern Flöhen und Läusen geplaget, die eigentlich Zangenläuse genannt werden; sie vermehren sich öfters in dem warmen Hühnermist so sehr, daß alle Balken und Säulen des Stalles Finger dick damit überzogen sind. Den jungen Hühnern wird davon oft der Kopf und Hals ganz kahl. Seifensiederlauge ist dagegen ein sehr gutes Mittel, wie auch einige eingeriebene Tropfen Thran. In den heißesten Sommermonaten sind sie am zahlreichsten und verlieren sich im Herbst von selbst.

Die Hühner, die damit geplagt werden, können nicht zunehmen und werden, besonders wenn sie brüten sehr von ihnen beunruhiget, wenn man dagegen die Hühner mit Kuhurin, oder Wasser worin Feigbohnen gesotten worden, benetzet, so sollen sie bald vergehen. Oder man nimmt acht Loth Niesewurzel kocht sie mit vier Quart Wasser, bis zu anderthalb Quart ein, gießt es durch ein Tuch und vermischt mit den durchgelaufenen zwey Loth gestoßenen Pfeffer und ein Loth stark getrockneten, ebenfalls gestoßenen

Tabak, und wäscht die damit geplagten Hühner etlichemal.

Diese Läuse aus dem Hühnerhause selbst zu vertreiben, haben einige folgendes und durch die Erfahrung als zuverläßig angepriesenes Mittel vorgeschlagen. Man soll Quecksilber mit Schweineschmalz mischen, darin dämpfen und solches in die Winkel, Ecken und verschiedene Oerter des Hühnerstalles streichen. Nach einigen Tagen soll man dieses an andern Stellen wiederholen, und alsdann nach einigen Tagen den ganzen Stall von allen Mist, Staub und Schmutz reinigen, und den Grund wieder mit frischem groben Sand dick bestreuen.

Die Läuse, welche die Hühner auf den Köpfen haben, sind anfänglich ganz klein, nehmen aber in etlichen Tagen sehr zu, und fressen sich endlich gar, wenn sie die Haut abgenagt haben, in den Hirnknochen hinein. Weil sich die alten Hühner durch Kratzen die Läuse besser abwehren können als die jungen, so geschiehet es, daß letztere auch öfterer mit diesen Zufall befallen werden. Einige Tropfen Thran, ist wie schon gesagt hierbey das Beste, denn das Ungeziefer wird hievon sogleich auf der Stelle getödtet, und verhindert daß es sich auch nicht so leicht wieder einfindet.

Die Bettwanzen pflegen sich zuweilen auch in ziemlicher Anzahl in den Hühnerställen einzufinden, sie halten sich aber nur an den Wänden und in den Ritzen derselben auf; am Tage siehet man sie auf und unter den Federn nicht, ob sie aber des Nachts die Hühner eben so wie die Menschen plagen, und

am

am Morgen sich wieder retiriren, ist noch nicht ausgemacht.

Von Eingeweide = Würmer sind die Hühner so wenig frey als andere lebende Geschöpfe, sie haben davon, besonders die einjährigen jungen Hähne, einen großen Vorrath, die Hühner aber weniger und die alten noch weniger.

Nun sind noch zuletzt die Hühnerdiebe übrig, die man füglich mit zu den Feinden rechnen kann; diese stehlen sie ganz und gar weg, oder sie machen es sehr billig und vertauschen sie nur, welches aber ein höchst seltener Fall ist. Des Nachts ist ein recht fest verschlossener und gut verwahrter Stall das beste Mittel dagegen, hilft dieses nicht, so ist noch das Zeichnen der Hühner um sie kennbar zu machen, eins der besten, obgleich man sich nur einigermaßen dadurch sichert, so giebt es doch Fälle, wo ein Dieb, besonders wenn es Nachbar sind, sich vom Hühnerstehlen abhalten läßt. Man darf die Hühner nur mit solchen dauerhaften Farben, dergleichen man sich zum Färben der Federn bedienet, bemahlen, welches bey weißen Hühnern am allerbesten angehet. Man kann sich dabey das Vergnügen machen, zur Bewunderung anderer Federviehliebhaber, allerley Zeichnungen anzubringen, die den Hühnern ein sonderbares Ansehen geben, zumal wer gute Erfindungen hat und sie wohl anzubringen weiß. Zwar werden sie die Hühner nur so lange behalten, bis sie die Federn verlieren, allein es ist ja leicht, sie auf den neuen wieder herzustellen.

Die Römer und andere heidnische Völker sahen, die Hühner gewissermaßen als Propheten an, und

 urtheil=

urtheilten aus ihrem Fraß, künftige glückliche oder unglückliche Ereignisse. Hernach glaubte man, daß die Windeyer oder Hexeneyer, Hahnen oder Basiliskeneyer wären, jetzt aber bilden sich abergläubische Leute ein, das Krähen der Hühner, dessen schon gedacht worden, sey für das Haus von böser Bedeutung. Ingleichen Hühner mit gelben Schnäbeln und Füßen, müßten nicht geduldet werden, weil sie Unglück ins Haus brächten, ferner, daß man eines schweren Todes sterbe, wenn man auf Hühnerfedern liege, und was dergleichen ungereimtes Zeug mehr ist.

Die Juden treiben es mit ihren tollen Aberglauben noch weiter, wenn es gegründet ist, was Eisenmenger in seinem entdekten Judenthum davon schreibt. An ihren großen Versöhnungsfeste, sollen sie einen Hahn dreymal um das Haupt schlagen, mit den Worten: dieser Hahn ist mein Wechsel, oder an meiner Statt; dieser ist an meinem Platze; er ist meine Kapporo oder Versöhnung. Dieser wird in den Tod; ich aber mit dem ganzen Israel zum guten Leben gehen, Amen.

Man hat von den Hühnern verschiedene Sprichwörter in gemeinen Gesprächen eingeführet, als: wir haben noch ein Hühnchen mit einander zu pflücken; darnach krähet weder Huhn noch Hahn, ruchlose Leute oder Mordbrenner drohen auch wohl, daß sie einen rothen Hahn auf das Haus setzen, das heißt mit Feuer anstecken wollen ꝛc.

An einigen Orten wird der Abend vor der Hochzeit, da sich Verwandte und Freunde im voraus vergnügen, der Hühnerabend genannt; auch die Leichdorne dorn, nennt man, wiewohl unrecht, Hühneraugen, und so haben viele Dinge mehr, ihre Benennungen von den Hühnern bekommen.

Der Schaden, den die Hühner anrichten, ist äußerst unbedeutend oder gar keiner, nur in den Gärten richten sie nicht viel gutes an, sie fressen gern die jungen Pflanzen ab und ruiniren vieles durch ihr Kratzen und Scharren nach Würmern und Saamen. Sind es Nachbars Hühner, so ist man schuldig, ihn zu bitten, seine Hühner zu hüten, daß sie andern keinen Schaden zufügen, läßt sich selbiger aber nicht warnen, so ist es am besten, man schaffe sich einen jungen Pudelhund an, und richte sich selbigen zur Jagd ab, man kann sie so ziehen daß sie immer auf dem Steige bleiben, die Beete aber nicht berühren, diesen lasse man die ungebetenen Gäste verfolgen, welche, wenn sie ein paarmal ein Maulvoll Federn haben zurück lassen müssen, bald das Wiederkommen vergessen werden.

Der Nutzen der Hühner in der Wirthschaft ist hingegen desto größer und ausgebreiteter. Wie manches Gericht vom Hühnerfleische und welche schöne Speisen werden von den Eyern bereitet, die wir alle ohne sie würden entbehren müssen! Wer stellet sich wohl vor, daß in Paris in dem einzigen Jahr 1773 an 70 Millionen 441 tausend und 653 Eyer verzehret worden sind.

Der gesammte Nutzen der Hühner bestehet nicht allein in ihrem Fleisch und Eyern, sondern erstrecket sich auch auf den Mist und Federn. So unbedeutend derselbe von den erstern wegen seiner geringen Menge auch seyn mag; so ist er doch nicht ganz und gar zu verwer-

verwerfen. Den geringsten gewähren die Federn, welche nur von den ärmsten Leuten zu ihren Betten genommen werden.

Der Hühnermist kann wohl zum Dünger gebraucht werden, er leistet aber nicht viel Dienste und hat wenig fruchtbar machende Kräfte in sich, weßhalb er auch nicht sehr geachtet wird. Hingegen haben sich Personen gefunden die so wenig Ekel und Widerwillen besaßen, daß sie ihn als ein innerliches Mittel, wider die Kolik und Gelbsucht, beym Nierensteine und in Verhaltung des Urins empfohlen und eingegeben. Da er aber die erwartete Hülfe selten mag geleistet haben, so ist er auch bald in Vergessenheit gerathen, und wird auch wohl nie von einem vernünftigen Arzte mehr angerathen werden.

Der Nutzen der Eyer ist dagegen desto ausgebreiteter, welche so blos an sich als eine Speise, auf den ganzen Erdboden, wo nur irgend Hühner anzutreffen sind, von allen Menschen genossen werden. Bey uns sind sie nebst dem Mehle, Fleisch und Butter, eine der Hauptsäulen in der Kochkunst, ohne denen sie in unsern Zeiten nicht würde bestehen können.

Die Bestandtheile der Eyer sind gleich Anfangs angegeben worden, jetzt wollen wir allein den Nutzen derselben etwas näher betrachten. Außer den ökonomischen Nutzen ist der medizinische auch nicht geringe, nicht nur das ganze Ey, sondern jeder Theil desselben besonders wird in der Medizin gebraucht. Zum Beyspiel nur einige. Die Eyerschalen besitzen alle Kräfte einer Säure dämpfenden Kalkerde, das Eyweiß ist kühlend, zusammenziehend und leimend, vorzüglich dienet es bey Augenentzündungen, Klarmachen

chen der Säfte und beym Verbrennen der Glieder, als ein Kühlmittel. Den gelben Dotter und dessen ausgepreßtes Oel, sind schmerzstillende Mittel, und ersterer an sich als Eiter befördernders Mittel anzusehen. Er ist ein vortrefliches Digestivmittel und thut in Klystiren wider Kolik, Stuhlzwang und Ruhr trefliche Dienste. Das Eyeröl ist besonders zur Ausfüllung der Pockengruben, zur Milderung der Haut, bey schlimmen Brüsten, bey Brandschäden und zur Stillung der Schmerzen der goldenen Ader dienlich. Endlich empfehlen einige sogar die dünne Haut unter der Eyerschale als ein harntreibendes Mittel und äußerlich wider das Wechselfieber aufgelegt.

Man bedienet sich auch noch der Eyer, zur Nahrung verschiedener jungen Thiere. Mit den hart gekochten Eygelb futtert man die jungen Kanarienvögel, die jungen Truthühner, die Hühner zuweilen selbst und die Fasanen. Nichts ist besser die Kälber fett zu machen und eine Zeitlang zu erhalten, als wenn man ihnen, während ihnen die Milch gegeben wird, zugleich große von Gerstenmehl und Eyern zubereiteten Kugeln, mit zu verschlucken giebt.

Wollte man alle die Speisen anführen die von Eyern zubereitet werden, oder welche von den Eyern selbst gemacht werden, so könnte man ganze Bogen Papier blos mit den Namen davon voll schreiben, es wird also genug seyn nur einige wenige davon anzuzeigen. Viele Menschen trincken schon die rohen Eyer aus, weil sie glauben, daß sie besonders gesund seyn sollen, andere vermischen sie roh mit den Getränken, als unter das Bier, in Thee, Kaffee, und Chokolade, insonderheit wenn es hierbey an

Milch gebricht, da denn ein Eyerdotter deren Stelle vertreten muß. Ohnehin ist kein Nahrungsmittel mehr im Gebrauch als eben die Eyer, man bedienet sich derselben in kranken und gesunden Tagen.

Frische Eyer für sich, mit der Schale in Wasser gekocht, so daß weder das Eyweiß noch der Dotter eine allzudichte Beschaffenheit bekommen, sind unter allen die gesundeste Eyerspeise, weil sie leicht verdauet werden, und ein mildes, milchigtes Blut zu wege bringen. Ueberhaupt ist nach der Meinung der Aerzte, nicht leicht ein Nahrungsmittel geschickter, als dieses, schwache Personeu zu nähren, ohne ihren Magen zu belästigen.

Es giebt viele Personen die das Eyweiß als ein unverdauliches Nahrungsmittel ansehen und es daher zurück legen, und den Dotter blos allein genießen. Es ist dieses eine schlimme Gewohnheit, denn der Dotter allein ist hartgekocht nicht so verdaulich als in Verbindung mit dem Eyweiß, da ihm sogar Fieberkranke, ohne Bedenken essen dürfen. Nach den weichgesottenen Eyern, sind die gerührten Eyer am gesundesten und unschädlichsten, bey weiten aber nicht ein Eyerkuchen der mit Butter, Speck oder andern Fettigkeiten zubereitet worden, und so auch viele andere Gerichte mehr, wozu sie gebraucht werden.

Eine besondere Art die Eyer zuzubereiten, ist diese. Man schält zwölf hart gesottene Eyer, und schneidet sie in dünne Scheiben, dann schneidet man ferner etwas Zwiebeln, Petersilie und Majoran klein, thut ein Stück Butter in eine Pfanne, und läßt sie zergehen. Hernach röstet man das Geschnittene zuvor und thut auch die Eyer dazu, doch aber nicht zuviel, würzt

würzt es dann mit Pfeffer, Ingwer, Muskatenblumen und Salz, giesset Fleischbrühe und ein wenig Essig daran, legt noch ein Stück Butter dazu und läßt es zusammen aufkochen. Wenn man es nun anrichten will, so zerklopft man zwey oder drey Eyerdotter, mit ein wenig Fleischbrühe, gießt sie an die Eyer und giebt sie auf den Tisch.

Eyerbrey, wird auf folgende Art gemacht. Man röstet hierzu zwey Löffel voll Mehl in heißer Butter, rühret es mit Milch gut ab, zerklopft zwey Eyer und rühret sie auch darin, salzt es und läßt es ein wenig kochen. Hernach thut man es in einem irdenen Tiegel, legt oben und unten Kohlen dazu, und läßt es alles vollends auskochen.

Eyerbrezeln. Man nimmt zehen Eyerdotter, vier Löffel voll Rosenwasser, frische Butter eines Eyes groß, ein halbes Loth Zimmet und eben so viel Pfeffer, ein halbes Loth gestoßenen Anieß und eben so viel gestoßenen Coriander, macht dieses mit genugsamen Mehl vermischt zu einem Teige, formt Brezeln daraus, backt dieselben in einer Tortenpfanne, legt aber oben mehr Glut als unten.

Eyerbrühe über Bärsche. Nachdem die Bärsche auf die gewöhnliche Art gesotten sind, macht man die Brühe dazu, auf folgende Weise.

Man thut zwey Eyer in ein Töpfchen und rühret sie mit etwas Essig ab. Alsdenn gießet man etwas Wein und so viel Fleischbrühe daran, als man die Brühe lang haben will. Alsdenn würzt man es, legt noch ein Stück Butter dazu, und setzt es auf Kohlen. Die Brühe muß beständig gerühret werden, bis sie siedet. Dann rühret man ein Löffelchen voll

Green daran, richtet es über die Fische an, und streuet alsdenn frisch geriebene Green darauf.

Saure Eyer. Man schlägt eine beliebige Anzahl Eyer, in eine Schüssel, schüttet sie nachher in siedenden Essig und läßt sie darin anlaufen. Sodann quirlt man in ein wenig kalten Essig zwey Dotter klar, gießt den gesottenen Essig dazu, legt ein Stück Butter zu den Eyern und salzt sie ein wenig. Zuletzt gießt man die abgequirlten Dotter hinein, läßt sie etwas anlaufen, richtet alles zusammen auf eine Schüssel an und streuet zerstoßenen Zucker und etwas weißen Pfeffer darüber.

Rührey mit Bratwurst oder Bückling. Man zerklopft eine beliebige Anzahl Eyer, thut ein wenig Wasser daran, läßt ein Stück Butter heiß und wieder etwas kühl werden, gießt die Eyer hinein und rührt sie nunmehro so wohl über dem Feuer, als auch wenn man sie davon herunter genommen hat, damit sie gar und hart werden. Indessen hält man abgebratene und in kleinen Scheiben zerschnittene Bratwurst fertig, mischt sie, wenn die gerührten Eyer halb fertig sind darunter, und läßt alles miteinander noch einen Augenblick sieden. Man kann die Eyer auch noch über Bratwurst anrichten und statt des Wassers Sahne oder Milch nehmen, so wie auch statt der Bratwurst, Bücklinge sich recht gut dazu schicken.

Eyersuppe, wird auf sehr verschiedene Art gemacht, davon hier nur eine. Man quirlt ein halbes Nößel gute Milch oder Sahne mit dem Weißen von zehn Eyern so stark, daß es zu schäumen anfängt, gießt wenn man den Geschmack gern hat, Rosen oder

Pome-

Pomeranzenblüthenwasser daran, und läßt es bey gelinden Kohlfeuer einmal aufkochen. So lange es bey dem Feuer stehet wird es beständig gerühret und bey dem Anrichten mit Zimmet bestreuet.

Gedämpfte Eyer. Man schlägt etliche Stück Eyer in ein bequemes Geschirr, thut etwas Salz, Butter, Zucker, Wein, zuweilen auch Essig oder Citronensaft hinzu, setzt das mit einem Deckel wohl verwahrte Geschirr, in einen Kessel mit heißem Wasser, und läßt es zu einer mittelmäßigen Consistenz zusammen laufen.

Auf gleiche Weise lassen sich noch unzählige Gerichte von Eyern anführen und zusammen setzen wovon in allen Kochbüchern eine große Menge anzutreffen sind; es ist nur noch zu bemerken, daß das Eygelb bey den Backen die Gährung ungemein befördert.

Da das Eyweiß sehr vielfältig zu Schnee geschlagen, gebraucht wird, so verfährt man damit auf folgende Weise. Man schlägt die Eyer aus ihren Schalen, nimmt das Eyweiß in ein besonderes Gefäß, so wie auch den Dotter, schlägt ersteres so lange, bis es ganz wie Schnee aussiehet, und so steif geworden ist, daß man die Schüssel, worin man es schlägt, umkehren kann, und der Eyerschnee dessen ungeachtet fest darin hängen bleibt, alsdenn muß man ihm aber sogleich gebrauchen. Denn läßt man ihn stehen, so wird er wiedee dünn, und schlägt man denselben länger, so wird er grießlich.

Zu gewissen Zeiten des Jahres, hat man an vielen Orten die Gewohnheit sich mit Eyern zu beschenken und zur Veränderung und zum Vergnügen auf

auf allerley Art zu bemahlen und mancherley sinnreiche Verse oder andere Dinge darauf zu schreiben. Da dieses öfters zur gemeinschaftlichen Unterhaltung dienet, so wollen wir eine kleine Anweisung hier davon mittheilen.

Man siedet die Eyer in einen Absud von Wasser, Bier oder schwachen Essig, worin Alaun aufgelös't und solche Dinge ausgekocht sind, die ihm die Farbe geben welche die Eyer haben sollen. Zu roth kochet man mit besagten Ingredientien, Rothholz oder Fernambuckholz aus, zu gelb nimmt man Gelbholz oder die äußern Schalen von Zwiebeln, zu violet gießt man etwas Lauge unter die rothe Farbe, oder macht sie von Blauholz, und zu grün nimmt man die blauen Blumen des auf den Wiesen wachsenden Entians (Gentianella) die man mit ein wenig Alaun und den Eyern zugleich in Wasser siedet.

Wer nun Schriften oder Zeichnungen auf solche gefärbten Eyern verlanget, der kann sie mit Scheiwasser und einer Feder selbst darauf bringen oder es von andern machen lassen.

Man kann die Eyer auch schäckigt färben, welches nicht so gemein als das vorige ist. Man bestreicht das Ey mit Eyweiß, schneidet von Zwiebelschalen Sterne, Buchstaben, Zahlen oder andere Figuren, diese legt man auf das Ey, so wird es gelb. Ferner nimmt man Brasilienholz-Späne und legt sie auf das Ey, so wird es roth. Wenn man blauen Kugellack in grobe Stücke zerstößt, so bekommt es blaue Flecke davon. Man nimmt auch dunkelrothe Pappelblumen, und legt einige Blätter davon auf das Ey, so wird es grün. Wenn nun alles darauf

ist

ist, so bindet man das Ey in ein weisses Tüchlein wickelt einem Faden darum, und läßt es hart sieden. Hernach nimmt man das Tüchlrin davon ab, thut die daranf gelegte Sachen hinweg, überfährt es mit Butter, Schmalz oder einer Speckschwarte, so wird das Ey marmorirt aussehen und schön glänzen.

Der letzte und nebst den Eyern wichtigste Nutzen und Vortheil von den Hühnern bestehet, in dem Fleische. Bey weiten der größte Theil der Hühner erreicht nicht das Alter eines Jahres, ohne in ihrer frühen Jugend geschlachtet zu werden, weil ihr Fleisch alsdenn am allerzartesten und angenehmsten befunden wird, und sie zum Braten, Kochen und allerley Gerichten, zu gebrauchen sind, dagegen die alten ein viel zäheres Fleisch haben und weder so gut noch so viel veränderten Speisen gebraucht werden können. Indessen hat das menschliche Nachsinnen nicht eher geruhet als bis die Mittel erfunden worden, auch die herangewachsene Hühner so zu behandeln, daß sie eben so zartes und noch fetteres Fleisch erhalten, als sie hatten, da sie noch Küchlein waren, und solches sind die sogenannten Kapaunen und Poularden.

Wenn die jungen Hähne oder Hühner etliche Monat alt sind, so werden sie theils des Wohlgeschmacks halber, theils der leichtern Mästung wegen verschnitten. Die Anstalten die eigentlich hierzu allein eingerichtet werden und wo das Geschäft in großen betrieben wird, heißet eine Poularderie.

Mit den Kapaunen der jungen Hähne, wartet man gern bis sie drey Monate alt sind, und nimmt dazu solche die schon früh im Jahre ausgebrütet sind, damit sie den ganzen Sommer vor sich haben um bey

der

der warmen Witterung recht zunehmen zu können, weßwegen diejenigen so erst spät ausgebrütet worden auch nicht zum Kapaunen etwas taugen. Die Operation wird also verrichtet: man läßt die Thiere die dazu bestimmt sind zuvor vier und zwanzig Stunden fasten, und schneidet dann quer über den Bauch, nahe an den Geburtstheilen ein Loch, nimmt die zur Fortpflanzung nothwendigen Theile mit den Fingern so behende als möglich heraus, nähet alsdenn die Wunde wieder zu, reibt sie mit Oel oder ungesalzener Butter und bestreuet sie mit Asche; man hält sie hierauf noch drey bis vier Tage eingesperrt, und läßt sie darauf los.

Weil ihnen nach dieser Operation der Kamm sehr groß wächst, so wird er ihnen gemeiniglich zugleich mit abgeschnitten. Sie sind einige Zeit lang darnach traurig und schwermüthig, welches sich aber nach und nach verlieret, indessen muß man doch nach ihnen sehen, weil die jungen Kapaunen zuweilen der Brand ergreift, wenn sie bey sehr heißen Wetter sind kastriret worden, gemeiniglich sterben sie davon, wie auch wenn die Operation schlecht verrichtet worden ist.

Es ist ganz besonders was mit einem solchen Thiere für eine Veränderung nach den Schnitt vorgehet, sie verliertn ihre Stimme und lassen sich abrichten, daß sie die jungen ausgebrüteten Küchlein annehmen und gleich einer Glucke führen und beschützen. Die Art und Weise sie dazu zu bringen, ist diese. Man rupft ihm unter dem Bauche die Federn aus und schlägt die entblößte Haut mit Brennesseln, wobey man sie zugleich mit in Wein getauchtem

Brode

Brod betrunken macht. Dieses wiederholet man einige Tage hintereinander, und dann setzt man ihm unter einen Bauer oder Korb und zwey bis drey junge Hühner die schon etwas heran gewachsen sind, neben ihm. Die jungen Hühner, wenn sie ihm unter den Bauch herumkriechen, besänftigen sein brennendes Jucken. Diese Erleichterung gefällt ihm, er liebt und führet sie sogar, daß, wenn man ihm eine größere Anzahl zugeben will, er sie aufnimmt, mit seinen Flügeln bedecket und erziehet, länger als die wirckliche Mutter es thun würde.

Merkwürdig ist noch daß ein Kapaun seine Federn nicht mehr verliert oder sich mausert, wenn er unter die Hähne kommt wird er hart behandelt und von den Hühnern verachtet, er ist sich also selbst überlassen und hat nichts zu thun, als fressen, schlafen und sich mästen.

Um einen Kapaun fett zu machen, giebt man ihm Gerste oder Weitzen oder gekochte Kleye, oder Buchweitzen, und am Ende einen Teig vou Mehl ꝛc. Ein Kapaun wenn er gut seyn soll muß eine große Ader an der Seite des Magens, einem schlichten Kamm und einen starken Bauch und Bürzel haben. Aus der Leber des Kapauns macht man viel Werk, als ein sehr vorzügliches Gericht. Die Brust hält man für die besten Stücke, darauf folgen die Keulen und Flügel.

Poularde ist der Name einer Henne, der man den Eyerstock heraus genommen hat, um sie fett, zart und zu gleicher Zeit unfruchtbar zu machen. Ihr Fleisch ist viel zarter, saftiger, nahrhafter und feiner von Geschmack, als das Fleisch von der Henne und dem jungen Huhne. Es ist so leicht zu verdauen, daß man es den zärtlichsten Personen, und denen Wiedergenesenden zu essen geben kann.

Die Operation des Verschneidens wird also verrichtet: man rupft in der Gegend hinter dem Steiße, wo sich u. ter der Haut ein weißes rundes Hügelchen, einer kleinen Häselnuß groß sehen läßt, die Federn behutsam aus. Man macht sodann mit einem scharfen Federmesser, durch die Haut einen Einschnitt, einer welschen Bohne groß. Nach diesen Einschnitt wird man die Mutter, womit das Huhn beym Treten empfänget, als ein rundes ganz weißes Gewächs zu sehen bekommen. Hierauf drückt man mit den Finger unter dem Steiße, etwas aufwärts, so tritt die Mutter aus den gemachten Einschnitt heraus. Diese wird mit einer Schere, wo sie angewachsen ist, abgeschnitten.

Einige nähen die Oeffnung gar nicht wieder zu, sondern bestreichen die Wunde mit Butter und streuen Asche darauf. Besser ist es aber doch wenn man etwas Butter in die Oeffnung einstecket, sie gehörig zunähet, mit Baumöl bestreichet und mit Asche bestreuet. Uebrigens nimmt man ihnen, wie den Hähnen, Kamm und Glocken, ab, und pflegt sie einige Tage mit Bier und Brod. Sie laufen hernach unter andern Hühnern herum, wachsen aber so schnell und so groß, wie ein männlicher Kapaun. Anfänger in dieser Kunst des Verschneidens thun wohl, wenn sie sich hierin an geschlachteten Hühnern zuvor üben, ehe sie es an lebendigen versuchen.

Durch das Verschneiden allein erhalten die Kapaunen und Poularden noch nicht alle die Vorzüge, die sie eigentlich haben müssen, sondern sie erhalten erst durch das Mästen das vorzüglich schöne und fette Fleisch, was sie so angenehm machet. So wie man bey den Mästen der Kapaunen und Poularden verführet, eben so macht man es auch mit den gemeinen Hühnern und Hähnen.

Wie die Einrichtung der Einstallung des Mastviehes gemacht werden müsse, ist schon im vorhergehenden Theile gesagt worden, eben so auch was in Absicht der Reinlichkeit der Geschirre beobachtet werden muß.

Hirse, Butter und Milch, sind auch hier die besten Futter zur Mästung, die man ihnen auf eben die Weise reichet, als schon bey den vorigen Federvieh, besonders bey den Truthühnern, ist gesagt worden.

Der zum Mästen bestimmte Teig aus oben benannten Stücken wird also gemacht. Man thut die hernach zu bestimmende Menge tägliches Hirsemehl in eine Schüssel, macht darin eine Höhlung, und gießt die vorgeschriebene Quantität zerlassene Butter hinein, rühret es mit dem Mehle recht durch einander und gießt noch nach und nach so viel Wasser dazu, als es erforderlich ist, daß die Masse einem Nudelteig ähnlich werde.

Für einen Kapaun gehöret täglich so viel von diesem Teige, als von sechs Loth Hirsemehl und drey Loth Butter gemacht werden kann, und nebst den noch zwölf Loth Milch. Den Teig theilet man in drey Theile und von jeden macht man zwölf bis sechzehn Kugeln. Einen solchen Theil bekommt der Kapaun des Morgens, einen des Mittags und den dritten des Abends. Man nimmt ihm zu dem Ende aus der Stallung, hält ihm unter den linken Arme

 fest,

fest, öffnet den Schnabel, taucht die Kugeln in Milch und steckt sie ihm in den Hals, jedoch über der Zunge, sonst möchte sie ihm mit in den Hals eingeschoben werden. Ist man mit der Abfütterung fertig, so steckt man ihm wieder in seinen Stall und setzt ihm vier Loth Milch zu seinem Getränke vor. In der Art des Futters verfährt man alle Tage fort. Ist dabey die gehörige Ordnung beobachtet worden, so ist der Kapaun oder Poularde am sechzehnten Tage gut und fett genug zum Schlachten.

Einige Regeln sind dabey zu beobachten, als:

1) Man setze die tägliche Futterungszeiten so viel wie möglich von einander, damit sie jedesmal das vorhergehende Futter recht verdauen können. Demnach futtere man sie im Sommer, des Morgens und Abends um sechs Uhr und Mittags um zwölf, in den kurzen Wintertagen aber Morgens um sieben, Mittags um zwölf und Abends um vier bis fünf Uhr. Ist es noch finster so setze man ihnen so lange ein Licht hin, bis sie die Portion Milch ausgesoffen.

2) Saufen sie nicht immer die vorgesetzte Quantität Milch aus, so kann ihnen unter den Teig ein wenig Salz gemischt werden, sie werden alsdenn vor Durst keine übrig lassen.

3) Einige würgen sich zuweilen anfänglich das Futter wieder aus; um ihnen diese Unart abzugewöhnen, nehme man etwas glänzenden Kiehnruß, reibe ihm ganz fein, vermische ihm mit Butter, gebe ihnen des Morgens früh etwas davon ein und lasse sie darauf fasten. Der Kapaun oder die Poularde wird den nächsten Tag gern fressen

und nie wieder etwas zurück bringen. Die Beobachtung dieser Regeln und dessen was schon bey den Truthühnern gesagt, zusammen genommen, wird allezeit bey dem Mästen von erwarteten Erfolg seyn.

Auch die jungen und alten Hühner werden auf diese Art gemästet in sechzehen Tagen fett, obschon sie nur zu ihren Unterhalt halb so viel als ein Kapaun täglich erhalten, nur müssen ihres engern Halses wegen, die Kugeln kleiner gemacht werden.

Wenn die Mühe, alle Tage den Teig zu machen beschwerlich fällt, kann man für alle sechzehen Tage, den Teig mit einemmale machen, und die Kugeln etwas abtrocknen, daß sie nicht verderben.

Wie vortheilhaft diese Mästung sey, ersiehet man, daß die ganze Zeit über für einen Kapaun oder Poularde, nur

3 Pfund Hirsenmehl.
12 Loth frische Butter und
3 Quart Milch; für eine alte und junge Henne nur halb so viel erforderlich ist, davon man sich die Kosten selbst berechnen kann. Man vergleiche nun hiermit, was es kosten würde, mageres Vieh mit Körnern, bis zum Fettwerden und Schlachten zu bringen, man wird gewiß einen großen Unterschied finden, und doch kein Federvieh auf eine andere Art zu der Fettigkeit und Zartheit bringen, als durch die angezeigte Mästungsweise.

Die gemästeten Hühner sind sehr fett, und haben eine weiße Haut; damit beydes nicht verloren gehe, so muß man vorsichtig bey den Schlachten damit umgehen. Die Federn werden behutsam ausgerissen, damit die Haut ganz bleibe und das Blut muß man rein auslaufen lassen, sonst wird das Huhn roth und siehet aus wie Federwildpret.

Bey dem Abschlachten bindet man dem Thiere die Füße, nimmt es auf den Schooß zwischen die Knie und schneidet mit einem scharfen Messer unter der Kehle am Halse, mit einemmale alle Adern, bis an den Halsknochenwirbel durch und hält es so lange bis es rein ausgeblutet hat. Alsdann wird das Huhn in kaltes Wasser gelegt damit es vollends ausblute, hernach aber mit heißes jedoch nicht siedendes Wasser begossen, mit den Händen darauf geklatscht und gerupfet. Hierauf legt man es wieder in kaltes Wasser, nimmt es nach einer kleinen Weile heraus, schneidet es unten hinter den Beinen auf, ziehet die Gedärme, Magen und Leber heraus, machet, um oben am Halse die Gurgel nebst den Kropf herauszuziehen, auch ein Loch, sticht ihm die Augen aus, schneidet das Maul ab, hauet die Zehen weg, sondert die Galle ab, reinigt den Magen und die Leber. Sobald dieses geschehen, werden die Keulen hinauf geschoben und die Knie so gebogen, daß die Klauen vor der Brust zu liegen kommen, die Flügel werden auf den Rücken gebogen, und dann mit einem breiten Bande gebunden. Hernach wird es aufgehangen, und wenn es kalt geworden, das Band losgebunden.

Die Hühner werden auf so vielerley Arten zugerichtet ehe sie auf den Tisch kommen, daß es genug ist, wenn von jeder nur eine oder ein Paar Speisen angeführet werden. Die jungen Hühner müssen nicht wenn sie recht delikat seyn sollen, über zwey Monat alt seyn. Sie werden selten gekocht und die allermehrste

mehrste Zeit gebraten und mit allerley Dingen zubereitet und gefüllet, als mit Austern, Muscheln, Stachelbeeren, grüne Erbsen, Spargel, Trüffeln rc.

Hühner mit Austern oder Sardellen. Man präparirt die Hühner recht sauber, hackt zerriebene Semmel mit Sardellen oder Austern nebst ein wenig Citronenmark ganz klein, würzt es mit gutem Gewürz, thut ein Stück Butter und etwa zwey Eyer daran, macht eine Fülle davon, füllt es in die Hühner und läßt sie braten. Auf gleiche Weise kann man sie bey den Braten noch mit allerley Dingen mehr füllen um Veränderungen damit zu machen.

Junge Hühner mit Spargel. Man kocht hierbey die Hühner und zerlegt sie oder läßt sie auch ganz wie es einen am besten gefällt. Hierauf thut man ein Stück Butter in eine Kasserolle oder Tiegel, legt die Hühner darauf, paßiret sie ein wenig, würzt sie mit Muskatenblumen, streuet zerriebene Semmel daran, gießt gute Brühe oder auch etwas Wein darauf, und läßt es kochen. Alsdenn nimmt man den Spargel, schneidet ihn unten fein gleich ab, läßt Wasser sieden, wirft ein wenig Salz darin, thut den Spargel hinein, und läßt ihm einen Sud darin thun, so bleibt er grün. Wenn er bald weich ist, nimmt man ihm heraus, legt ihm in kaltes Wasser, dann zu den Hühnern und läßt ihm vollends gar werden. Endlich können die Hühner nach Belieben angerichtet werden.

Junge Hühner mit Stachelbeeren oder Weinbeeren. Man macht die Hühner zum Kochen zurechte, blanschiret sie im siedenden Wasser, wäscht sie hernach wieder sauber aus und läßt sie zuvörderst im Wasser und Salz kochen, nimmt sie hernach wieder heraus

 und

und läßt sie abkühlen. Ferner nimmt man Stachelbeeren oder auch Weinbeeren, die noch nicht reif sind, schneidet oben das Köpfchen und unten den Stiel ab, läßt Butter in einer Kasserolle zergehen, schüttet die Stachelbeeren hinein und röstet sie ein wenig. Sodann röstet man auch zerriebene Semmel in Butter, streuet diese daran, gießt Wein und etwas Brühe darauf, reibt Zucker hinein, und läßt es mit einander allmählig kochen, doch so, daß die Beeren nicht gar zu Brey werden. Zuletzt richtet man die Hühner an, und die Beeren oben darüber, bestreuet es mit Zucker und giebt es zu Tische.

Frikassee von jungen Hühnern. Man bereitet sie wie gewöhnlich, steckt sie am Spieß und betröpfelt sie öfters, während des Bratens, mit heißer Butter, bestreuet sie dann mit schönen Mehl, und läßt sie noch ferner braten, bis sie etwas bräunlich und halb gebraten sind. Man nimmt sie alsdenn vom Spieß, und theilt sie in vier oder mehrere Theile, je nachdem die Hühner groß oder klein sind; dann legt man sie in einem tiefen Tiegel, thut Cardamom, Muskatenblüthe, etliche Lorbeerblätter, würflicht geschnittene Citronenschalen und dergleichen Scheiben, nebst einigen kreuzweiß geschnittenen Schalotten oder drey gewässerte gehackte und in Wein gelegte Sardellen dazu. Man darf auf ein Hühnchen nicht mehr als eine Sardelle rechnen. Alsdenn gießt man Wein, etwas Fleischbrühe und ein wenig Wasser daran, doch daß die Brühe nicht zu lang, sondern ganz kurz wird, läßt es gut zugedeckt in einem kleinen Ofen dämpfen, und thut zuletzt noch ein Stück Butter daran. Es

können

können auch nach Belieben einige Eyerdotter daran gerühret werden.

Wie die Hühner zu braten, daß sie weiß bleiben. Wenn die Hühner gut gewürzt worden, so brühet und säubert man sie aufs beste. Dann thut man acht Loth Butter in ein Näpfgen, wirft Salz und Gewürz dazu, so viel als man nöthig zu haben glaubt, rührt es unter die Butter, und steckt es zusammen in die Hühner, nun nähet man sie wieder sauber zu, salzt sie auswendig, steckt sie am Spieß, wie andere Hühner und speilert die Füße hinterwärts, wie bey den Rebhühnern. Dann wickelt man die Hühner in ein Kälbernetz und nähet es überall zusammen, daß nichts an den Hühnern unbedeckt bleibt. Die Hühner müssen aber nicht enge, sondern geräumig darin genähet werden, weil sich ohnedies das Netz während des Bratens zusammenziehet, und sonst aufspringen möchte. Wenn nun das darüber gezogene Netz, recht braun zu werden anfängt, so sind die Hühner gut gebraten und man nimmt das Netz sauber davon ab, so werden die Hühner schön weiß bleiben, und dennoch gut gebraten seyn. Auf solche Art gebraten, sind sie ein überaus angenehmes Essen.

Gedämpfte Hühner. Selbige werden sauber zu rechte gemacht gesalzen und gewürzet. Man legt sie dann in einem tiefen Tiegel, thut etwas feines Weitzenmehl daran, deckt es fest zu und läßt es eine halbe Stunde sieden. Indessen schneidet man Limonien halb klein und würflich, halb aber zu dünnen Scheibchen, und thut sie ebenfalls dazu, würzt es dann mit Pfeffer, Cardamom und Muskatenblumen, läßt sie noch miteinander eine gute Weile sieden, drückt etwas Citronensaft daran, und thut endlich noch ein gut Stück Butter dazu. Dann richtet man die Hühner auf einer Schüssel an, gießt die Brühe darüber, legt Citronenscheiben darauf, und bestreuet sie endlich mit würflich geschnittenen Citronenschalen.

Hühnerpastete. Man siedet hierzu eben die Species, welche man zu einer Schüsselpastete gebrauchet und läßt sie wieder ganz auskühlen. Dann macht man von einem mürben Teige, eine runde Pastete mit einem hohen Rande, läßt sie vorher hart werden und legt die sauber präparirten Hühner darin, thut gehackte Aepfel, geschnittene Limonien, kleine Rosinen, Ingwer, Pfeffer, Zimmet, Zucker, Saffran und ein Stückchen Butter oder Rindsfett daran. Zuletzt macht man einem Deckel darüber, bestreicht die Pastete mit Eyerdotter und läßt sie anderthalb Stunden backen. Alsdenn macht man eine Brühe, von grünen Kräutern, Ingwer, Pfeffer, Muskatenblüthen und Rindfleischsuppe, oder auch eine Weinbrühe darüber und giebt die Pastete so warm als möglich auf den Tisch.

Junge Hühner gebacken. Man zerschneidet die Hühner, wenn sie klein sind, in vier, wenn sie aber groß sind, in acht Theile, legt sie auf eine Schüssel, salzt sie, thut Zwiebelscheiben darauf, wie auch Essig und Gewürz hinzu. Alsdenn läßt man Schmalz auf dem Feuer heiß werden, trocknet die Hühner ab, bestreuet sie dick mit Mehl, legt sie in das heiße Schmalz, und backt sie fein goldgelb heraus, so sind sie fertig.

Die alten Hühner sind zum Kochen viel besser als zum Braten, denn man bekommt die kräftigsten

Brühen

Brühen davon, dagegen sie nur schlechte Braten abgeben. Soll aber die Suppe so kräftig als möglich seyn, so muß das Huhn nicht ganz, sondern in Stücken geschnitten gekocht werden, hingegen wird bey solchen Kraftsuppen das Fleisch wieder desto geschmackloser; man kann also wählen, ob man eine gute Suppe und schlechtes Fleisch, oder gutes Fleisch und mittelmäßige Suppe haben will. Wenn das Huhn zur Suppe nur fett ist, so thut das Alter nichts dabey. Hühner die der Fettigkeit wegen nicht gut legen, sind dazu die allerbesten. Alte fette Hühner kann man in allen Jahreszeiten, außer wenn sie die Federn verlieren, oder glucken, daß sie brüten wollen, zum Kochen gebrauchen, sie müßten dann krank seyn, da sie ohnehin keiner genießen würde.

Eine Hühnerpotage mit Perlgraupen ꝛc. Nachdem die Hühner oder Kapaunen sauber geputzt und eingebogen worden, läßt man sie mit Wasser und Salz in einem eigenen Topfe, in einem andern aber Perlgraupen, kochen. Wenn beydes meist gar ist, gießt man die Perlgraupen mit ihrer Brühe zu den Hühnern in ihrem Topf, und thut Butter, nebst klein geschnittenen Wurzeln, und zuletzt Klößchen und Muskatenblumen hinzu. Bey dem Anrichten wird auch Muskatennuß oben daran gerieben.

Hühner mit Reiß. Man kocht vorher die Hühner wie gewöhnlich, mit etwas Salz, Butter und Muskatenblumen in Wasser oder Fleischbrühe ab. Den Reiß aber läßt man besonders in Wasser abkochen, seihet dasselbe wenn er gar ist, davon ab, und gießet an dessen Statt kräftige Fleischbrühe daran, thut sodann eine Handvoll geschälte und gestoßene

Mandeln, zerriebene Semmel, Zucker, Ingwer, gestoßenen Zimmet und ein wenig Rosenwasser daran, rührt es über dem Feuer wohl durch einander, läßt es zusammen recht aufkochen und richtet es über die Hühner an.

Hühnerragout. Man nimmt hierzu fette und hinlänglich mürbe gewordene oder mortificirte Hühner, schneidet sie mitten entzwey, spickt sie mit starken Speck, und paßiret sie in einer Kasserolle mit zergangenen Speck, oder frischer Butter und etwas gerösteten Mehle braun, giebt dann eine kräftige Brühe nebst einen Bündchen feiner Kräuter, Champignons, Trüffeln und andern dergleichen Sachen dazu, thut Salz, Pfeffer und anderes gutes Gewürz darin, setzt es in den Ofen und läßt es zusammen kochen; ist es gar und die Sauce dick genug, so richtet man die Hühner auf einer Schüssel an, und dieses Ragout giebt man zum Voressen mit gebratenen fetten Lebern oder mit gebackener grüner Petersilie garnirt, auf den Tisch.

Hühnersülze. Man schlachtet eine alte nicht gar zu fette Henne ab, rupft sie aber trocken wie eine Gans, nimmt das Eingeweide heraus, wischt sie wieder sauber ab, hackt sie mit einem Stückchen Kalbfleisch nebst Leber, dem Magen und dem Herzen, ganz klein, mischt alles zusammen, würzt es mit ein wenig Muskatenblumen, und schüttet es in eine zinnerne Kanne, die ohngefähr anderthalb Maaß in sich enthält, schraubt sie fest zu, und setzt sie in einem großen, mit siedenden Wasser, angefüllten Topf, läßt es ohngefähr zwey Stunden sieden, drückt das Gehäck in der Flasche mit einem Löffel, so gehet eine

gute

gute Sülze heraus, dann schraubt man die Flasche wieder zu, und läßt sie noch zwey bis drey Stunden darin stehen und sieden. Alsdenn hebt man die Sülze mit einem Löffel heraus in ein sauberes Tuch und drückt sie zwischen zwey Teller aus, gießt sie in einem Tiegel und deckt ihm gut zu. Sülzen von dieser Art, kann man im Sommer an einem kühlen Ort oder Keller, acht Tage lang gut erhalten, man kann sie auch ohne Kalbfleisch und blos von einer Henne ganz allein bereiten.

Hühner mit Hering gespickt. Man läßt ein Huhn oder einen Kapaun mit Wasser nur ankochen, daß das Fleisch noch nicht ganz gar sey, und zerschneidet frischen oder eingewässerten Hering in länglichte Striemen, daß sie, wie Speck, mit der Spicknadel durchs Fleisch gezogen werden können. Es wird aber der Hering nur dann erst durch das Fleisch gezogen, wenn es nach den Ankochen wieder kalt geworden ist. Wenn das Huhn gespickt ist, zerschneidet man es, gießt Hühnerbrühe in einem Tiegel oder Schmortopf, thut Butter dazu, und läßt das Fleisch über gelinder Hitze gar schmoren. Zuletzt würzt man die Brühe mit Ingwer, Pfeffer und Muskatenblumen, und macht sie mit geriebener Semmel etwas seemicht. Um aber diesen schönen Essen noch einen recht hohen Gout zu ertheilen, lassen einige auch die in Stücken zerschnittene Heringsmilch, wie auch noch in Würfelchen geschnittenen Hering, in der Brühe, neben dem Fleisch mit einschmoren. Ein in Stücken zerlegtes Kalbfleisch, kann eben so behandelt werden.

Eine Hühnertorte. Nachdem die Hühner ausgenommen, wohl abgeputzt, ihnen die Haut abgezogen und sie in Viertel geschnitten worden, verfertiget man einen

einen Tortenboden, von gemeinem Teige, belegt damit die Tortenpfanne, macht unten darin einen Grund von geschabtem Speck, würzt es mit Salz, Pfeffer, guten Gewürzen und feinen Kräutern, legt alsdenn die Hühner ordentlich darauf, belegt sie mit Hahnenkämmen, Kalbsmilch, Trüffeln, Champignons und Moußerons, würzt sie oben wie unten, thut hernach Speckstreifen, Kalbfleischscheiben und Butter darauf, schließt die Torte mit einem Deckel von eben dem Teig, zu, macht einem Rand herum, bestreicht sie mit geklopftem Ey, backt sie im Ofen, nimmt sie wenn sie gar ist heraus, setzt sie in eine Schüssel, öffnet sie, nimmt die Speckstreifen und Kalbfleischscheiben heraus, fettet sie wohl ab, gießt klare Fleischbrühe und Schincken-Coulis darin, deckt sie wieder zu, richtet sie warm an, und giebt sie dann auf den Tisch.

Von den Tauben.

Alle Tauben die wir gezähmet haben sind ursprünglich wilde Vögel gewesen, die aber seit undenklichen Jahren von den Menschen so gewöhnt worden, daß sie ihre Freyheit ganz vergessen zu haben scheinen. Ihre Schönheit, Nutzbarkeit und so große Verschiedenheit, reitzt so viele, sich zum Vergnügen damit abzugeben.

Die Tauben sind ein sehr zahlreiches Geschlecht, die sich aber doch durch mancherley Kennzeichen von einander unterscheiden, diejenigen aber die ihnen allgemein sind, und wodurch sie sich von andern Vögeln auszeichnen, bestehen darin:

1) Der Schnabel ist meist gerade, wie bey den Hühnern, an der Spitze aber unmerklich gekrümmt, bey einigen strotzend dick und kurz, bey andern wieder länger. Der Oberschnabel bey allen an der Spitze dicker.

2) Die Naselöcher, mit einer weichen aufgetriebenen Haut zur Hälfte bedecket.

3) Die Zunge ganz und ungespalten.

4) Der

4) Der Schwanz, bey einigen gerade, mit gleich langen Ruderfedern, bey andern groß und kegelförmig.

5) Die Flügel lang und zum schnellen Flug eingerichtet.

6) Die Schenkel kurz, stark und meistens rosenroth.

7) Die Füße haben drey Vorder und einem Hinterzehen.

8) Sie leben Paarweise, legen jedesmal nur zwey Eyer, manche aber hecken des Jahres wohl an zehen bis zwölfmal.

Man kennet gegenwärtig schon an acht und achtzig Arten von Tauben, davon aber nur zehen in Europa zu Hause gehören; diese alle zu beschreiben, gehöret nicht zu der Absicht dieses Werkes, es wird ihrer also nicht weiter erwähnet werden, obschon in unsern Gegenden so viele Taubenliebhaber sind, die sich alle mögliche Mühe geben so viel Arten und Abarten zusammen zu bringen, als sie nur können, sondern nur einzig und allein werden diejenigen zwey Arten, die zum Nutzen gehalten und gezogen, hier der Gegenstand seyn, und dieses sind die Haustauben und Feldtauben.

Die außerdem hier gewöhnlichen Tauben, die man auf den Taubenschlägen antrifft, sind:

Die Trommeltaube.
— Schleyertaube.
— Kropftaube.
— Meeventaube.
— Pfauentaube.
— Turniertaube.

Die

Die Ringeltaube.
— Turteltaube und
— Lachtaube.

Die Haustaube oder Montaube wird so genannt, weil sie beständig zu Hause bleibt und aus der Hand gefüttert werden muß. Die Feldtauben darf man aber nur im Winter futtern, wenn sie draußen im Felde nichts mehr finden. Die letztern thun, wenn sie in starker Anzahl gehalten werden, auf dem Felde viel Schaden, es giebt deßhalb viele, die sie ganz und gar abgeschafft wissen wollen, aber da ihr Unterhalt nicht viel kostet, so haben sich wenige, die das Recht haben Tauben zu halten, daran gekehret, so billig aber sollten diese doch seyn, daß sie, wenn sie sie nicht ganz abschaffen wollen, doch wenigstens ihre Zahl bis auf einige zu vermindern, und diese gut futtern, damit sie dem Lande nicht so viel Schaden zufügen, welches leider den armen Landmann am mehresten nachtheilig wird und der reichere wenig davon empfindet.

Wer demnach Tauben hält, sollte billig nicht allein in dieser Rücksicht die Haustauben vorziehen, sondern auch weil diese auf den Tische ein viel besseres Ansehen haben, und die Feldtaube dagegen nur eine gemeine Speise ist.

Wer eine Taubenflucht anlegen und erhalten will, muß zuvörderst einem Gelaß haben, worin sie sich sicher und vor aller Gefahr geschützt aufhalten, können, und wo auch nicht einmal einiges von den übrigen Hausgeflügel einem Zugang finden kann, oder gestattet wird. Ein Aufenthalt für die Tauben, wird der Taubenschlag genannt. Ist er nicht auf den

Boden

Boden eines andern Gebäudes oder an den Seiten desselben angebracht und von Brettern zusammengeschlägen, so ist es ein frey stehendes, rundes oder viereckiges erhabenes Gebäude, worunter unten über der Erde zuweilen noch andere Ställe angebracht sind, oder es ruhet auf vier oder gar nur einer freystehenden Säule. Man errichtet dergleichen Taubenschläge oder Häuser, immer gern mitten auf einem Hofe, weil die Tauben sehr furchtsam sind und Raubthiere am leichtesten davon abgehalten werden können, weßhalb sie auch denen auf, und an andern Gebäuden angebrachten, auf alle Weise vorzuziehen sind und wovon man außer in der Verlegenheit und Ermangelung des Raumes nur allein Gebrauch machen sollte, weil es für die Tauben zu unruhig ist, und sie vor den Raubthieren nicht so gut geschützt werden können.

Nächstdem lieben die Tauben ungemein die Ruhe und Stille, daher sind die, von Gebäuden entferntesten Taubenschläge, immer die besten, worin sich auch die Tauben am stärksten vermehren. Noch besser ist es, wenn sie eine freye Lage und Aussicht gegen Morgen haben, weil die Tauben alsdenn die ersten Strahlen der Sonne, des Morgens genießen können.

Hohe Taubenschläge sind den niedrigen bey weiten vorzuziehen. Die Tauben sitzen gern hoch um eine freye Aussicht zu haben, sie gewöhnen sich zu den hohen viel eher, als zu den niedrigen und können von solchen auch viel eher, ihre Feinde in der Luft entdecken.

Die

Die Erfahrung bestätigt dieses öfters, denn wenn zwey Taubenschläge nicht weit von einander sind, davon der eine eine niedrige, der andere aber eine hohe Lage hat, so wird sich finden, daß die Tauben, wenn sie daran nicht gehindert werden, sie nach und nach dem erstern verlassen und sich nach dem höhern hinziehen und gern bleiben. Vorzüglich ist dieses der Fall im Herbst und Frühling, wo sie der Reinheit der Luft und den ersten Einflüssen der Sonnenstrahlen sehr nachgehen. Auch hat man bey hohen und niedrigen Taubenschlägen, in Absicht der Vermehrung, Vergleichungen angestellt und dabey befunden, daß sich die Tauben im erstern mehr, als noch einmal so stark vermehren, als im letztern.

Die an den Wänden der Gebäude, von Brettern gemachten und angeschlagenen Taubenbehältnisse, die auswendig mit eingeschnittenen Fluglöchern und Tritten versehen, sind unter allen die schlechtesten, und sollten nicht anders als im höchsten Nothfall gemacht werden Sie sind im Winter zu kalt und unbequem für die Tauben, haben wenig Schutz vor Raubthieren, und werden fast immer gestöret, so daß sie selten mit Ruhe brüten können, daher sie von den Tauben auch bey den geringsten Veranlassungen verlassen werden.

Die auf dem Boden der Gebäude angebrachten Taubenschläge sind schon besser, obgleich doch nicht anzurathen, wenn man eine bessere Gelegenheit haben kann. Es hält so schwer, sie solchergestalt zu befestigen, daß Raubthiere, Katzen und dergleichen, keinen Zugang finden, die Tauben werden zu viel gestöret und haben selten eine freye Ausflucht davon.

In allem Betracht sind also die freystehenden die besten, und darunter wieder diese, so auf mehr als einem Pfahl stehen und wo oben der Taubenschlag als ein ordentliches Zimmer darauf gebauet ist, außer der freyen Lage, sind sie auf eine leichte Art, so wider alle Taubenfeinde zu sichern, daß die Tauben durch nichts gestöret werden können. Man darf nur die Pfähle rund herum oder die Ecken des Taubenhauses ohngefähr einer halben bis ganzen Elle lang, etwa 6 bis 8 Fuß hoch über der Erde, mit glattem Blech beschlagen, so kann kein Thier hinauf klettern, zum Ueberfluß können noch unterhalb der Bleche, eiserne Spitzen eingeschlagen werden, die in solcher Stellung stehen, daß wenn Marder, Iltis oder Ratzen ꝛc. hinauf zu klettern versuchen, und sie bey den Blechen nicht weiter kommen können, sie also herunter fallen und sich dabey selbst aufspießen.

Bey den Taubenhäusern die auf einem Pfahl ruhen, sind die Nester gemeiniglich nach außen hin angebracht, so daß man mit einer Leiter hinauf steigen und allerwärts zu den Nestern gelangen kann, ist es aber auf vier Pfählen erbauet, so hat man oben Platz genug, die Nester innerhalb anzubringen; ein solches Taubenhaus kann nicht allein eine größere Menge Tauben fassen, sondern auch bequemer eingerichtet und besser rein gehalten werden.

Bey der Anlage siehet man darauf, daß es so eingerichtet werde, daß man zu Zeiten die frische Luft kann durchstreichen lassen und nach Belieben auch wieder abhalten.

Die Größe muß mit der zu haltenden Anzahl Tauben im Verhältniß stehen. Zu den Nestern macht man

man von Brettern Verschläge an den Wänden, von unten nach oben hinauf, woran bey jeder Reihe noch ein Trittbrett zu ihrer Bequemlichkeit angebracht werden kann, auch gehet es an, in die Mitte des Taubenschlages, wenn der Platz groß genug ist, eine Reihe oder mehrere, übereinander anzubringen. Solcher bretterner Behältnisse muß zu jedes Paar, wenigstens drey gerechnet werden. Denn jedes Prar vertheidigt nicht allein ihr eigenes Nest, sondern sie leiden auch keinen Nachbar in denen an der Seite. Die Scheidewäude zwischen diesen Behältnissen müssen bis oben heran gehen, so daß sie sich bey dem Brüten einander nicht sehen können, und auch damit es in den Nestern desto dunkler sey, als welches die Tauben ungemein gern haben. Man darf also nicht mehr als höchstens acht Paar, in einem viereckigten Raum, von etwa acht Fuß an jeder Seite, zusammenbringen. Leute von Erfahrung versichern, daß man von sechs Paar, wenn nichts in ihrer Behandlung aus der Acht gelassen würde, eben so viel Junge gewinnen könne, als von acht Paar.

Die Eingangsthüre bringt man gern an solcher Seite an, die der Wohnung oder den Fenstern des Eigenthümers der Tauben gegen über liegt. Träfe es sich, daß dadurch die Thüre an der Mitternachtsseite gebracht werden müsse, so ist es gut wenn gleich zur Abhaltung der Kälte im Winter, doppelte Thüren angefertigt würden.

Das Flugloch der Tauben, wodurch sie ihren Ein und Ausmarsch haben, muß hingegen, wo es nur immer möglich ist, stets an der Mittagsseite angebracht werden.

 Das

Das Flugloch selbst richtet man so ein, daß es nach auswärts noch anderthalb bis zwey Fuß lang an den Seiten unten und oben, bedeckt sey, und also wie ein herausgeschobener Kasten aussehe, den Boden desselben läßt man noch weiter hervorstehen und nagelt noch wohl dazu, zwey noch weiter herausgehende Latten an, daß die Tauben wenn sie herumgeflogen und zurückkommen, sich auf das Brett oder die Latten setzen können, um auszuruhen. In den Kasten selbst bringt man ein Gitter an, wodurch man ihnen nach Belieben das Herein = oder Herausgehen verbieten kann, und vorn an der Oeffnung macht man eine Klappe, die man vermittelst einer Schnur, die an ein paar Rollen, von oben nach unten herunter gehet, öffnen oder zumachen kann, damit man nicht immer nöthig habe, deßhalb selbst jedesmal hinauf zu steigen. Nächstdem haben es die Tauben sehr gern, wenn noch außerhalb des Taubenhauses, gleich unter oder mit dem Flugloche gleich, ein Brett rund herum befestigt ist. Sie sitzen oder gehen gern auf einem solchen Brette spatzieren und schöpfen frische Luft.

Die Materialien, Stroh rc. zu ihren Nestern, legt man ihnen hin, sie bauen sie sich selbst, indessen pflegt man ihnen auch wohl zuweilen zu Hülfe zu kommen.

Die Behältnisse und Nester müssen lieber zu groß als zu klein seyn, dergestalt, daß der Tauber und die Taube wenigstens ganz aufgerichtet darin stehen können, indem sie sonst ihres Nestes überdrüßig werden, und wenn sie irgendwo ein geräumigers finden, vielleicht nimmer wiederkommen.

Die

Die Reinlichkeit ist bey den Tauben eine Hauptsache; erstlich haben sie es gern und zweytens findet sich bey Unreinlichkeit allerley Ungeziefer ein, daß den Tauben beschwerlich fällt, das widerhohlte öftere Reinigen vom Miste, ist also sehr nothwendig, wobey man zugleich das Taubenhaus auch zuweilen ausräuchern kann, welches ihnen sehr angenehm ist.

Wer keine Tauben hat und sich welche anschaffen will, der muß dazu keine alten kaufen, weil sie zum Hecken, worauf man doch seine Absicht richtet, fast ganz untauglich sind. Und da ihr Alter, außer an ihrer Munterkeit, Haut, Beinen und Lebhaftigkeit der Farben, wenig Kennzeichen hat; so hüte man sich, solche von unbekannten Leuten zu erhandeln. Man kaufe keine Taube die an eben den Ort, oder in der Nähe geflogen hat, wenn man sich nicht auf die Redlichkeit seines Verkäufers verlassen kann. Man scheue lieber den Aufwand des Botenlohns nicht, und lasse sich selbige von entfernten Orten, einige Meilen weit, bringen.

In Absicht der Anzahl, suche man auch nicht etwas zu ersparen. Je besser der Taubenschlag gleich anfangs besetzt ist, und je größer ihre Gesellschaft ist, desto weniger entweichen sie. Nur sehe man dahin, daß man eben so viel Tauber als Tauben erhalte und bediene sich der hernach angegebenen Geschlechtszeichen, um sie zu kennen. Die beste Zeit sich eine Taubenflucht anzulegen, und die Tauben dazu anzuschaffen, ist in den Fasten. Denn da sie sich um diese Zeit allmählig zur Hecke anschicken, so ist nicht nöthig, daß sie sehr lange den Taubenschlag hüten müssen. Sie kosten dann weniger Futter und man erlangt bald den Genuß des Nutzens davon. Denn ob man schon alsdenn etwas weniges mehr davor bezahlen muß, als gegen den Winter, so will doch solches gegen das Futter, daß sie alsdenn unnütz fressen, wenig bedeuten.

Sobald sich die Tauben gepaart haben und zu Neste zu tragen anfangen, kann man die Gitter aufziehen, damit sie im Schlage bekannt werden, und sich in solchem desto leichter gewöhnen.

Die Tauben so man gekauft hat den Taubenschlag zu besetzen, muß man gleich zeichnen, welches man am besten mit einer Scheere verrichtet, indem man damit blos in das Ende einer Klaue schneidet. Dieses dienet dazu, um in der Folge sogleich ihr Alter sehen zu können. Denn länger als vier Jahr, muß man keine Taube zur Zucht behalten. Weil man dieses schwerlich wissen oder behalten kann, so dienet dieses Zeichen, ihr Alter daran zu erkennen. Wenn man demnach im folgenden Jahre um eben diese Zeit die Tauben untersuchen will, so muß man mit einem Gehülfen, wenn die Tauben allesammt in dem Schlage sind, nachdem dieser fest verschlossen und man darin nicht mehr sehen kann, ohne Geräusch mit einer Blendlaterne hinzugehen, die nicht mehr Licht gewähret, als man braucht, um ein Nest zu visitiren. Der Gehülfe hält die Laterne zum Leuchten, und der andere ergreift durchgehends alle Tauben in ihren Nestern, ohne eine einzige zu vergessen, und schneidet eine jede zum andernmal in das Ende einer Klaue am andern Fuß, und so nach und nach alle Jahre, bis man sie auf solche Weise viermal gezeichnet hat. Man darf auf keine Weise befürchten, daß

ein

ein solcher Besuch, die Tauben erschrecken werde. Wenn das vierte Jahr verlaufen ist, so kommt man auf eben die beschriebene Art in das Taubenhaus, ausgenommen daß man ein paar Käfiche mit bringet, welche groß genug sind, daß alle Tauben die sich im Schlage befinden, hinein gehen können. In dem einen thut man alle diejenigen, welche viermal gezeichnet sind, und schickt sie entweder zum Verkauf auf den Markt, oder geradesweges zum Verbrauch in die Küche, und in den andern diejenigen, denen man an den Zeichen ansiehet, daß sie noch nicht vier Jahr alt sind; diese läßt man alsdann wieder in das Taubenhaus fliegen, weil sie noch zur Zucht taugen. Diese Verrichtung scheint etwas mühsam zu seyn, aber hat man es nur erst einmal verrichtet, so wird man es hernach mit Vergnügen thun, und dies mehr und mehr wenn man nur erst inne wird, was für großen Nutzen hiervon der ganze Taubenschlag hat.

Da die übrigen Taubenarten, die blos zum Vergnügen, und nicht zum Gebrauch in der Wirthschaft gehalten werden, nicht hieher gehören, so sollen nur die beyden Arten, nämlich die Haustaube und die Feldtaube, die mehr zum Nutzen gezogen werden, beschrieben werden.

Die zahme Haustaube, auch Feldtaube, Feldflüchter, gemeine Taube, Monattaube rc., hält sich anjetzo blos unter den Menschen auf, sie bleibt keine Nacht auf dem Felde, ohne wieder nach ihrem Schlage oder unter das Dach zu kommen. Die wilde Race, von diesen kann man sagen, daß sie fast in der ganzen Welt zu Hause sind, bey uns werden sie aber selten angetroffen. Sie gehören zu den Zugvögeln, die sich im Herbste von Norden nach den südlichen Gegenden hinziehen, und in den warmen Erdstrichen scharenweise in den Bergklüften, hohlen Bäumen rc. einnisten.

Unsere Tauben sind dagegen so ausgeartet, daß sie gar nicht mehr nach den Wäldern und Bergen gehen, wie die wilden thun, von denen sie abstammen. Sie sind auch nicht im Stande, wie diese sich auf den Zweigen der Bäume zu halten, und nie wird man eine der Haustauben sehen, wenn sie auch in der größten Gefahr ist, daß sie sich auf einen Baum setzet. Geräth ja eine einmal auf einen Zweig, oder setzt man eine junge darauf, so thut sie immer als ob sie fallen will und kann sich nicht halten. Ihre Fußzehen sind nicht so beschaffen daß sie sich gehörig um die Zweige legen können.

Sie sind äußerst furchtsam, daß wenn nur einmal eine Eule, Wiesel oder Ratze auf den Taubenschlag kommt, sie ihn sogleich verlassen, und selten wieder hinauf gebracht werden können. Kommt aber gar ein Marder hinauf und würgt einige, so ist es gar um den ganzen Schlag geschehen. Ist es neben dem Schlage stets unruhig, oder werden sie öfters gestöret, so verlassen sie ihn auch gern, und suchen sich einen andern Aufenthalt.

Die Morgensonne haben sie ungemein gern und sind die ersten die sich davon bescheinen lassen; haben sie am Schlage nicht Platz, so fliegen sie auf die nächsten Dächer, um in der Sonne zu sitzen.

Vor dem Rauch scheuen sie sich nicht, sondern gehen ihn nach, und setzen sich auf die Schornsteine, daher

daher kommt es auch, daß so oft Tauben zum Schornstein herunter in die Küchen geflogen kommen.

Sie leben sehr gesellschaftlich und fliegen allezeit zusammen, sie mögen nach den Feldern gehen oder auf den Hofe bleiben. Die Tauben des einen Hofes werden selten zu denen, des andern Hofes fliegen, auf dem Felde aber machen sie einen gesellschaftlichen Haufen aus, der sich hingegen trennt, sobald es wieder nach Hause gehet.

Man siehet nicht, daß sie sich unter das Federvieh mischen, außer wenn alles gemeinschaftlich gefuttert wird, ist das aber vorbey, so sondern sie sich sogleich wieder ab.

Alle Thiere sind bey dem Futter, wenn ihnen andere zu nahe kommen, streitsüchtig und fangen mit jedem den Kampf an, von den sie glauben daß er ihnen das Futter wegnehme, die Tauben dagegen, sind so friedfertig, daß sie sogar ein Sperling beleidigen kann, und das Futter vor den Schnabel wegnehmen, ohne sich zu rächen oder nach ihm zu beißen. Nur allein zur Paarungszeit und wenn sie brüten, werden sie eifersüchtig, und gerathen in Zorn, oder auch wenn andere sie aus ihrem Neste vertreiben wollen und dann erst hauen sie mit ihren Schnäbeln nach einander und schlagen mit ihren Flügeln.

Ihre Einfalt macht es, daß sie sehr leicht zu fangen sind, und daß sie es gelassen ansehen, wenn man ihnen ihre Jungen wegnimmt; sie vergessen dieses Unrecht bald, und entschließen sich in kurzen wieder eben das Nest zu beziehen.

Sie lieben alle wohlriechende Dinge und hassen allen Gestank von todten Körpern, Aesern, faulen

Eyern, ja sogar ihren eigenen Mist, am allermeisten aber den Teufelsdreck oder Assa foetida. Daher manche boshafte Menschen schon Tauben gefangen haben, sie mit diesen Gummi bestrichen und wieder fliegen lassen, so bald sie wieder zu ihrer Gesellschaft gekommen, hat sich die ganze Flucht zum Schaden des Besitzers getrennt und ist davon geflogen.

Im Fluge sind sie äußerst schnell und das beste Mittel den Raubvögeln zu entgehen, sie machen öfters solche geschwinde und unglaubliche Wendungen, daß man sich wundern muß. So lange sie in Haufen zusammen bleiben, mißlingt es den Habicht sehr oft eine zu haschen, entfernt sich aber eine davon, so ist sie die mehreste Zeit gewiß verloren, der Raubvogel treibt sie so lange, bis sie ermüdet und dann entgehet sie ihm gewiß nicht. Sind sie aber im Haufen, so scheinet es zuweilen als fürchteten sie sich nicht vor ihm, manchmal sitzen sie auf den Felde zusammen, und der Habicht schwebt über sie, sie lassen das ruhig geschehen, kommt er ihnen zu nahe, so fliegt der ganze Schwarm mit einemmale auf, und wenn er dann auf sie zustößt, öffnet sich der Haufen in der Geschwindigkeit, daß er ohne ein Stück zu erwischen, mitten durchfähret, im Augenblick sind sie wieder zusammen, der Raubvogel ist hierauf ganz betäubt oder er ist beschämt und fliehetfort um sein Heil anderwärts zu versuchen.

Sie sollen nach einiger Meynung Vorempfindungen von der Veränderung des Wetters haben, und zwar sagt man, daß es sich ändern würde, wenn sie bey schönem Wetter unvermuthet nach Hause kämen, oder sich in den Staub wälzten.

Beyde

Beyde Geschlechter lieben sich sehr, und beweisen solches durch ihr Schnäbeln, womit gemeiniglich der Tauber der Anfänger ist.

In der Dunkelheit sowohl, als bey Licht, scheinen sie ganz betäubt oder verwirrt zu seyn, denn sie wissen sich nicht zu helfen oder zu rathen.

Ihr eigentliches Futter sind allerley Körner, als Roggen, Wicken, Erbsen, Weitzen rc. man giebt ihnen aber hiervon nicht das beste, sondern nur das Ausgesiebte von einen jeden, anderes ist zu theuer. Hunger muß man sie nicht leiden lassen, sonst suchen sie es sich anderwärts, entwöhnen sich, und bleiben zuletzt gar weg. An vielen Orten futtert man sie zu solchen Zeiten, wenn sie auf dem Felde etwas finden, gar nicht. Allein da sie außer der Bestellzeit und der Erndte wenig finden, so ist es nöthig, daß sie nicht nur im Winter, wenn alles mit Eis und Schnee bedeckt ist, sondern auch im Brachmonat, wenn alles Land besäet und das Getraide im Wachsthum ist, nothwendig gefuttert werden. Unterläßt man dieses, so ziehen sie im Winter gern fort, oder hecken sehr spät und im Brachmonat müßen die Jungen gemeiniglich verhungern.

Die jungen Tauben darf man nicht besonders futtern, die alten verrichten dieses selbst, mit eben den Futter was sie erhalten oder finden, es sey denn daß die letztern umkämen, oder sonst verloren würden, alsdenn muß man schon die Mühe selbst übernehmen, und ihnen immer ihr Futter im Schnabel so lange einstecken, bis sie so weit sind, daß sie allein fressen können. Es ist nur schlimm, daß sie den Schnabel dabey nicht allein aufthun, wenn man ihnen zu fressen

sen giebt und daß man selbigen immer erst selbst aufmachen muß und das Futter hinein stecken. Sonst ist für die jungen Tauben, Hirse, Hanfsamen und Weitzen die besten Nahrungsmittel.

Es giebt mancherley Dinge die den Tauben sehr angenehm sind, als Salz, Salpeter, Lehm, Urin ꝛc., um sie desto fester zum Schlage zu gewöhnen, setzet man ihnen dergleichen Dinge mit Lehm vermischt hin, woran sie so gern picken. Viele machen hiervon ein Geheimniß, indem sie allerley dergleichen zusammenmischen und dadurch die Tauben gewöhnen wollen, daß sie nicht wegfliegen oder statt dessen noch andere mit sich bringen sollen. Eine einzige solcher Zusammensetzungen, die vorzüglich gut seyn soll, ist diese: Man lasse einem Hammelkopf und Füße so lange im Wasser kochen, bis alles Fleisch abfällt, dieses letztere kocht man hernach so lange fort, bis es sich zerbröckelt und mit der Brühe wie ein Teig wird, hierin bröckelt man Thonerde oder Lehm, woraus alle Steinchen abgesondert, und vermischt es noch überdem mit Salz, Urin, Mist, Roggen und Hanfsamen. Dieses alles knetet man zusammen zu einem Teig und macht Ballen, in der Größe von zwey Fäusten, die man am Ofen oder in der Sonne trocknet. Solche Ballen legt man ihnen hin und man wird mit Vergnügen sehen, wie begierig sie sich dabey herum stellen und mit vielen Wohlgefallen daran picken. Dergleichen Zusammensetzungen hat man viele, ein jeder macht sich solche nach Belieben, wie es ihm gut dünket.

Noch ist wegen des Futters zu bemerken, daß man es den Tauben stets auf eine reine Stelle hin-

werfe

und nicht wo viel Mist lieget. An reinem Wasser muß es auch nicht fehlen und wenn sie es sich nicht selbst außer ihrem Schlage holen können, muß man es ihnen wenigstens alle Tage einmal hinstellen und das Saufgeschirr zuvor rein machen.

Die Tauben leben Paarweise mit einander und bebrüten ihre Eyer gemeinschaftlich, dadurch zeichnen sie sich von allen übrigen Hausgeflügel, den Schwan ausgenommen, aus. Wenn sie sich einmal gepaart haben, bleiben sie gern für immer zusammen. Den Tauber kann man dem äußerlichen Ansehen nach, so leicht nicht von der Taube unterscheiden, die Stimme des erstern ist noch das sicherste Kennzeichen, denn die Taube hat fast gar keine oder sehr klare, der Tauber aber eine viel tiefere Stimme.

Wenn gleich die Tauben nur jedesmal zwey Eyer legen und ausbrüten, so ist ihre Vermehrung doch erstaunend stark, indem jedes Paar fast an zwölfmal des Jahres Eyer legt und auch ausbrütet, und die Jungen, die blind aus dem Ey kommen, und es neun Tage lang bleiben, schon in der sechsten Woche ausgewachsen und im fünften Monat zur Fortpflanzung geschickt sind. Wenn daher ihrer Vermehrung nicht Einhalt geschähe, so könnte nach zwölf Jahren, die Nachkommenschaft eines einzigen Paares, schon in die Millionen gehen. Da sie also so oft brüten, so hat man den Vortheil das ganze Jahr Junge von ihnen zu haben. Sie würden sich noch stärker vermehren als es allgemein geschiehet, allein durch ihre Sorglosigkeit werden viele Eyer verdorben, denn bey Verfertigung ihres Nestes sind sie äußerst nachläßig, und manche verwöhnen sich so sehr, daß sie sich gar keins machen und sie würden die Eyer eher so hinlegen, wenn ihnen Menschen nicht die Nester verfertigten. Diese pflegt man ihnen die mehreste Zeit von Stroh zusammen zu flechten, worin sie sich denn noch eine Unterlage von Stroh und Heu machen, deren sie sich aber das zweytemal nicht bedienen, sondern eine neue verfertigen. Zweitens, sind sie bey dem Brüten nachläßiger, als irgend ein anderer Vogel und bey dem wechselweisem Brüten, zertreten sie oft die Eyer oder lassen sie kalt werden, oder beschädigen die Jungen, wozu noch kommt, daß sie bey dem geringsten ihnen unangenehmen Vorfall ihr Nest und alles verlassen.

Sie legen nie mehr als zwey Eyer, wovon dieses das sonderbarste ist, daß selbige auch nur immer ein Paar enthalten, aus dem ersten kommt allezeit der Tauber und aus dem zweyten die Taube. Die Eyer, die sie des Mittags und Nachmittags legen, sollen, wie man sagt, mehrentheils taub seyn.

Wenn sie brüten, darf ihnen kein anderes Paar zu nahe kommen, sie streiten so lange, bis einer oder der andere weichen muß.

Viele versichern, daß sich die Jungen niemals begatten, ohne sich vorher zu schnäbeln, die alten aber sollen es nur das erstemal thun. Läßt sich eine Taube von einem andern treten, so entstehet fast immer eine Trennung ihrer Ehe, denn ihr Tauber siehet sie nicht mehr an. Zuweilen hat man auch gesehen, daß, wenn zwey Paar unzufrieden zusammen gewesen, daß die Täuber mit ihren Tauben getauscht, und alle recht vergnügt darnach gelebt haben.

Erst

Erst bey dem zweyten Eye, fängt das Weibchen mit Ernst an zu brüten. Das Weibchen nimmt den grösten Theil der Brützeit, die volle vierzehn Tage währet, über sich, während sie aber über den Eyern sitzt, hält sich der Tauber neben an bey dem Neste auf und wartet bis das Weibchen vor Hunger aufstehet, um zu fressen, sobald diese dann die Eyer verläßt, setzt sich das Männchen darauf und bleibt wohl an zwey bis drey Stunden darauf sitzen, ehe er wieder abgelößt wird. Die Jungen können durch starkes Pochen, Donnerschläge und durch jedes große Getöse, leicht in den Eyern betäubt und getödtet werden, je heller und dringender der Schall ist, desto gefährlicher wird er ihnen.

Wenn die Tauben ausgebrütet sind, fressen sie vor drey bis vier Tage nichts, dann ist es genug daß sie warm gehalten werden, welche Mühe das Weibchen allein über sich nimmt und nicht von dem Neste weichet, es sey denn, daß sie sich einige Augenblicke entferne, um zu fressen. Alsdenn ernähren sie die Jungen acht Tage lang von halb verdauten Nahrungsmitteln, als mit Brey, den sie ihnen ein, zwey oder dreymal des Tages, nachdem es ihre Nothdurft erfordert, einblasen oder eintrichtern; was das sonderbarste ist, daß der alte Tauber immer die junge Taube, und die alte Taube stets den jungen Tauber futtert. Nach und nach geben sie ihnen, nach Maaßgabe ihrer zunehmenden Kräfte, eine stärkere Nahrung.

Die alten Tauben bringen ihre Zeit nicht gern müßig zu, und haben deßhalb oft Eyer und Junge zugleich, wenn daher die Jungen im Stande sind, aus zu fliegen, so jagt sie der Vater aus dem Neste und zwingt sie, ihrem Unterhalt und Aufenthalt selbst zu suchen.

Die Tauben mausern sich alle Jahre eben sowohl, wie andere Vögel. Es fängt sich dieses kurz nachher an, wenn sie zu hecken aufgehöret haben, bey einigen früher bey andern wieder später, doch gemeiniglich gegen Ausgang des Sommers. Sie verlieren die Federn zwar nach und nach, jedoch sind sie dabey sehr entkräftet. Sie fressen alsdenn wenig, sind traurig, aufgeblasen und beschäftigen sich beständig mit ihren Federn.

Die Dürrsucht haben sie mit andern Federvieh gemein. Sie entstehet von der Verstopfung der Fettdrüse, hinten über dem Schwanze, wo alsdenn die darin enthaltene Fettigkeit zurücktritt. Die Tauben nehmen dabey ab, sitzen traurig allein, fliegen nicht mit aus, wedeln stets mit dem Schwanze und hacken mit den Schnabel nach der Drüse, sie ermatten endlich und sterben, wenn ihnen keine Hülfe geschafft wird.

Die Schwermuth ist ihnen auch eigen. Man siehet sonst keine Kennzeichen der Krankheit an ihnen, außer daß sie traurig sitzen, wenig fressen und den Kopf rückwärts über die Flügel hängen. Wenn ihnen in solchen Fällen ein Gatte gegeben wird, so verlieret sich die Schwermuth in wenig Tagen.

Die Krätze oder Räude ist daran kenntlich, wenn die Tauben um den Schnabel und um die Augen, ganz nackend, grindig und schäbig werden. Sie entstehet vom Genuß unreinen und faulen Wassers, verliert

liert sich auch von selbst, wenn sie immer frisches und reines Wasser erhalten.

Die Pocken ist ihre schlimmste Krankheit, befällt aber allein die junge Tauben. Sie herrschet fast alle Jahr unter ihnen, meistens in den Hundstagen, und rafft nicht allein viele weg, sondern macht auch, daß viele Menschen um diese Zeit, deßfalls einen unüberwindlichen Ekel vor den Taubenfleisch haben. Der Grund dieser Krankheit liegt ebenfalls in den schlechten Wasser, denn wenn hinreichend frisches vorhanden, pflegt die Seuche nicht so leicht, als durch die Luft, einzuschleichen.

Die Feinde der Tauben sind zahlreich und bekannt genug. Der Marder stehet darunter oben an, welcher, wenn er einmal darunter geräth, in einer Nacht eine ganze Taubenflucht zerstöret und vernichtet, sie würgen alles und beißen ihnen die Köpfe ab, so lange noch eine übrig ist und sie nicht gestöret werden.

Wiesel und Ratzen schleichen sich auch gern nach den Taubenschlägen, und wenn sie auch nicht im Stande sind, die alten zu tödten, so richten sie doch gemeiniglich viel Schaden an, indem sie die Tauben verscheuchen, die jungen tödten und auffressen die Eyer aber aussaufen.

Können die Katzen dazu kommen, und sind hungrig, so würgen sie auch wohl eine und sättigen sich damit, die übrigen lassen sie gehen. Bemerkt man einen solchen Gast, so ist es am besten ihn abzuschaffen oder mit Schlingen oder Eisen zu fangen und wieder zu tödten, man ist sonst in Gefahr die ganze Taubenflucht zu verlieren. Jungen Katzen gewöhnt man dieses leicht ab, wenn man ihnen Tauben öfters vorhält und unter Aufsicht manchmal zusammen im Zimmer läßt.

Was die Raubvögel anbetrifft, so sind sie fast insgesammt ihre Feinde, besonders aber der Geyer, Sperber, Falcke und die meisten Arten der Habichte. Auch die Sperlinge werden manchmal so dreist, den jungen Tauben im Neste den Kropf aufzupicken und das Futter heraus zu holen.

Sind die Taubenschläge nicht gut verwahrt oder offen gelassen, so schleicht sich auch wohl eine Eule auf den Taubenboden, tödtet einige und verscheucht die übrigen so sehr, daß sie mit Mühe selten, und die mehreste Zeit nie wieder dahin zurück kehren.

Wanzen und Flöhe, plagen die Tauben auch nicht wenig, erstere halten sich in den Nestern, und letztere auf ihren Leibern auf. Oefters zwingen sie die Alten ihr Nest zu verlassen, die Jungen aber können davor nicht gedeihen. Reinigt man daher den Taubenschlag nicht öfters von dem Miste, worin sie sich erzeugen, so nehmen sie dermaßen überhand, daß sie das ganze Gebäude anstecken und nicht wieder zu vertilgen sind.

Der Schaden, den sie etwa anrichten, geschiehet allein auf den Saatfeldern, wo er zu Zeiten nicht geringe ist. Wenn man bedenket, daß jede Taube wohl eine Handvoll Getraide in ihrem Kropf beherbergen kann, so siehet man leicht ein, wie kurze Zeit dazu erfordert wird, wenn eine ganze Flucht, sich über ein Saatfeld hermacht, es zu zerstören und die Saat wieder aufzulesen.

In der Medizin war bey unsern alten Vorfahren fast kein Theil der Tauben, was nicht wieder dieser oder jener Krankheit gebraucht wurde, da bediente man sich des Fleisches, der Federn, innerer Magenhäute, Leber, Schmalz, Gehirn, Eyer, Blut ꝛc. Jetzt hat man die Unwirksamkeit dieser Mittel eingesehen, und rechnet sie so, daß, wie die Tauben keine Galle hätten, unter die bloßen Vorurtheile.

Der Mist, als Dünger betrachtet, bringt mehr Nutzen hervor, als alle benannte Dinge in der Medizin zusammen genommen. Er wird auf den Aeckern nicht wie anderer Mist vertheilet, sondern wie die Seifensiedererde herumgestreuet. Er kann auf Wiesen, Aeckern und in Gärten gebraucht werden, besondere Vorzüge aber vor andern Mistarten bey den Hanf besitzen. Dennoch wird er von vielen Landleuten wenig geachtet, andere hingegen halten ihm so hoch, daß sie sagen ein Korb Taubenmist sey so viel werth, als eine Fuhre Schafmist, diese letztere düngen auch ihre Aecker mit den Samen zugleich, bald auch besonders.

Die Gärtner wissen ihm am besten anzuwenden. Sie sind im Stande, Bäume, die im Begriff sind abzusterben, durch reichliche Bedüngung mit Taubenmist, von den halben Tode, wieder herzustellen. Er muß nur bis zum Gebrauch in einem vor Sonne, Wind und Regen sichern Ort aufbehalten werden; denn er verliert im Freyen einen großen Theil seiner Kräfte.

Vorzüglich wircksam bezeigt sich der Taubenmist an den Pomeranzenbäumen, wenn sie mit den darauf gegossenen Wasser begossen werden. Die Gärtner aber vermischen ihm alsdenn noch gern mit mehreren anderen Dingen und bereiten sich davon ihren Guß zu den

Orangebäumen. Eine dergleichen bewährte Zusammensetzung, die sehr vortrefliche Dienste thut, und von einem sehr geschickten Gärtner herrühret, bestehet darin, daß man Hefen, Schafmist, Taubenmist, Menschenkoth und die Urberbleibsel aus den Baumöltonnen untereinander gemengt hat; es soll unglaublich seyn, was für bewundernswürdigen Wuchs diesen Bäumen das mit den Säften von allem diesem Dünger geschwängerte Wasser hervorbringt und ertheilet.

An manchen Orten, erwähnet Herr von Büffon wissen die Bäcker diesen Mist auch zu gebrauchen, wenn sie aus denselben eine Lauge zur Einmachung des Semmelmehls ziehen, die Semmeln erhalten dadurch einem ganz besondern Geschmack. In Frankreich soll dieses etwas gemeines seyn, und eine der vornehmsten Ursachen, warum, nach dem Zeugniß des Herrn von Serres, der Taubenmist mit der Gerste in einem Preise stehe, und so angenehm sey, daß man nur des Mistes wegen, Tauben zu unterhalten pflege. Indessen hat man bey Aufbewahrung des Taubenmistes alle Vorsicht nöthig, weil er sich so entzünden kann, daß er brennbare Materien in Flammen setzt, wovon man schon viele traurige Exempel hat.

Das Fleisch der Tauben, ist eigentlich dasjenige, wodurch sie uns den mehrsten und besten Nutzen stiften, daher rechnet man auch zuweilen, daß der Nutzen einer Taubenflucht von ein hundert Paar, in der ländlichen Haushaltung, einem fetten Ochsen gleich sey. Ebenfalls hält man dafür, daß dreißig Paar Mon- oder Haustauben das Jahr hindurch, eben so viel Junge brächten, als neunzig Paar Feldtauben.

Die alten Tauben können ihres zähen Fleisches wegen, zum Braten nicht gebraucht werden, sondern sind allein zum Kochen tüchtig, je älter sie aber werden, desto schlechter sind sie, denn ihr Fleisch wird zuletzt ganz und gar unkochbar. Das Fleisch der jungen ist zart, saftig, leicht verdaulich, stärkend und nährend, soll aber zuweilen doch bey einigen, Verstopfung des Leibes verursachen.

Tauben, wenn sie poularderiemäßig gemästet werden, haben einem großen Vorzug in Absicht der Delikatesse ihres Fleisches und der Fettigkeit desselben, wohin man es ohne diese Weise, bey der besten Futterung, nie bringen kann.

Die Regeln der Futterung, sind alle eben dieselben, die bey der Mästung des andern Federviehes, schon sind erwähnet worden und die man auch hier nicht aus der Acht lassen muß. Nur bey der Einstallung ist sie anders beschaffen und die Menge des Futters nach Verhältniß geringer.

Die Taubenstallung zur Mast, bestehet nur in viereckigen Gitterkörben, die nicht zu hoch aber auch nicht zu weit seyn dürfen. Oben daran ist eine kleine Klappthüre, wo man die jungen Tauben gemächlich einstecken und herausnehmen kann. Dergleichen Körbe kann man sich auch bey ganz jungen Hühnern, sehr füglich bedienen. Zur Einstellung der Tauben, müssen aber durchaus wenigstens zwey dergleichen Gitterkörbe vorhanden seyn, um die gefutterten in den andern, und nicht wieder in den ersten zurück stecken zu müssen.

Zu saufen bekommen die Tauben nichts, wie das andere Geflügel. An Futter wird täglich für eine Taube gerechnet: Ein Loth Hirse, ein Quentchen Butter und vier Loth Milch, wovon man drey Portionen macht, eine für den Morgen, die andere für den Mittag und die dritte für den Abend.

Eine oder ein Paar Tauben, würde die Mühe nicht belohnen, man nimmt also lieber mehrere Paar zusammen, hätte man nun mehrere, z. B. acht Stück eingesperret, so würden diese täglich acht Loth Hirse, 2 Loth Butter und ein halb Quart Milch gebrauchen. Das Hirsenmehl kocht man mit der Butter und Milch zu einem Brey. Und weil ein gehäufter Löffel voll dieses Breyes ein und drey viertel Loth, mit Einschluß dessen was verraucht ist in sich enthält, so würde jede Taube allemal des Morgens, Mittags und Abends einen solchen Löffel voll Brey erhalten. Diesen Brey muß man in den Mund nehmen und ihm der Taube durch eine Federpose in den Kropf blasen, weil es ihnen auf andere Weise nicht gut beygebracht werden kann. Eine jede Taube erhält also täglich fünf und ein viertel Loth von diesem Hirsebrey, der sie innerhalb sechzehen Tagen so fett machen wird, daß man sich darüber verwundern muß. Es müssen aber dazu Tauben genommen werden, die noch nicht flügge sind, sondern unter den Flügeln und an den Seiten noch Stoppeln haben; auch müssen sie nicht von den Feld- sondern von den Haustauben dazu genommen werden.

Eine solche gemästete Taube, hat demnach in den sechzehen Tagen über verzehret:

16 Loth

16 Loth Hirsenmehl.
4 — Butter und
1 Quart Milch, welches ohne die Mühe, alle Kosten sind und wovon sie ungemein zart und fett geworden.

Das Schlachten der Tauben erfordert nicht viel Umstände, entweder man drehet ihnen in der Geschwindigkeit den Kopf ab, oder sie werden gleich den Kapaunen unter der Kehle abgeschlachtet, vorsichtig gerupfet und sehr hurtig darauf über ein Strohfeuer herumgedrehet und abgesenget, damit nichts unreines daran bleibe. Sie werden sodann mit Seife, Kleye und warmen Wasser abgewaschen und getrocknet, auch die Beine wie bey den Hühnern und andern, am Leib gebunden, endlich aber wenn sie gebraucht werden sollen, ausgenommen und vollends zurecht gemacht.

Die Speisen, welche von den Tauben gemacht werden könneu, sind wegen ihres schönen, zarten Fleisches, nicht weniger zahlreich als die von den Hühnern, sie werden sowohl gekocht, als gebraten, auf sehr mancherley Art zugerichtet. Soll ein Gericht aber gut seyn, so verstehet es sich, daß allezeit nur junge Tauben dazu genommen werden müssen, weil das Fleisch der alten, nie ganz mürbe wird und zum Braten völlig ungeschickt ist. Werden aber die Tauben gebraten, so haben die am Spieß gebratenen, allezeit den Vorzug vor denen, die im Tiegel oder Töpfen gebraten worden.

Gefüllte Tauben. Man biegt die Tauben zierlich um, und blanchirt sie über dem Feuer, hackt hernach die Leber davon, mit einem guten Stück Speck,

 Zwie-

Zwiebeln, Petersilie, Salz und Pfeffer, füllt die Tauben damit in dem hohlen Leib, bratet sie am Spieß und belegt sie auf der Brust mit Speckscheiben. Wenn sie gebraten sind richtet man sie an, mit einem Ragout von Champignons, Kälbermilch, Artischockenboden, und gutem Gewürz, in einer Kasserolle gekocht.

Oder: Man bläs't mit einem Federkiel oben am Halse in die gereinigte Taube, daß sich die Haut überall wohl ablöset, hackt dann Petersilie, röstet sie im Butter, mischt ein wenig Semmelmehl darunter, schlägt Eyer daran, daß die Fülle geschmeidig wird, würzt sie mit Ingwer, Pfeffer, Cardomom, Muskatenblumen und Saffran, salzt und rührt alles wohl durch einander, füllt es hernach, oben bey dem Halse in die Tauben, daß die Fülle überall zwischen den Tauben hineinläuft und nähet den Hals zu, legt die Tauben in einen tiefen Tiegel, gießt Fleischbrühe daran, und läßt sie sieden, streuet Muskatenblumen und Cardamom daran und thut ein Stück Butter dazu.

Gefüllte Tauben am Spieß zu braten. Man lös't von schönen großen Tauben die Haut über der Brust los, hackt die Lebern, ein Stück Schincken, Champignons, Trüffeln mit Pfeffer und Salz, feinen Kräutern und feinem Gewürz und so viel Speck als nöthig ist, auch ein wenig Petersilie und Zwiebeln, stößt alles in einem Mörser klein, und thut zwey rohe Eyerdottern dazu. Mit dieser Fülle füllt man die Tauben, steckt sie am Spieß, umwickelt sie mit zarten Scheiben von Kalbfleisch, Speckstreifen und Papier, und läßt sie braten. Beym Anrichten macht man die Bekleidung davon, legt sie in die Schüssel und gießt einen klaren und scharfschmeckenden

den Coulis von Kalbfleisch und Schinken darüber.

Tauben wie Rebhühner zu braten. Man gießt den Tauben wenn sie noch lebendig sind, Essig und Pfeffer in den Hals, bindet ihnen den Hals mit einem Faden fest zu und läßt sie so sterben, rupft sie dann wie die Rebhühner, läßt den Kopf ungerupft, nimmt sie aus und wäscht sie inwendig mit gutem Essig, streut Pfeffer, Nelken und Salz in die Tauben, beitzt sie ein oder zwey Tage in Essig ein, je nachdem man sie sauer verlanget, endlich spickt man sie, verbindet ihnen die Köpfe mit Papier, läßt sie allmählig braten, und giebt bey dem Auftragen ziemlich viel Citronenschalen und Scheiben dazu.

Geschmorte Tauben mit einer braunen Brühe. Man legt auf den Boden eines Schmortiegels, Butter oder Speckscheiben und hierauf Gewürz und Kräuter, als Thymian, Basilikum und Petersilie, ganze Zwiebeln, sehr wenig ganzen Pfeffer, ganze Nelken und ganzen Ingwer, legt die Tauben darauf und läßt sie wohl verdeckt, ganz gelinde und langsam gar werden. Alsdenn nimmt man sie mit Zurücklassung aller Gewürze heraus und begießt sie mit folgender braunen Brühe.

Man kocht klein gehackte Zwiebeln, Lorbeerblätter, gestoßene Nelken, und etwas braunes Mehl, mit halb Wasser und Wein zu einer sämigen Brühe, rührt sie aber beständig, daß sie nicht anbrennet, und thut zuletzt Zucker, Weinessig und geriebene Citronenschale dazu.

Man hat diese Brühe gern hochbraun, welches allemal von der Bräune des Mehles abhängt. Das braune Mehl macht man also. Man läßt Butter in einem Tiegel gelbbraun werden, rührt Mehl und ein wenig Zucker mit dem Küchenlöffel so lange darin, bis es eine hohe Farbe erlangt hat. Auch über gebratene Tauben, ist diese Brühe ganz vortreflich.

Tauben mit einer Hechtsauce. Man putzt fette Tauben wohl ab und nimmt sie gehörig aus, macht eine Fülle von Kalbsmilch, einem blanchirten Kalbseiter, ein wenig Schincken, einigen Champignons, gehackter Petersilie und einigen Zwiebeln, und ein wenig feinen Kräutern, würzt es mit Pfeffer und Salz und ein wenig feinem Gewürz, thut noch drey rohe Eyer dazu, und so viel in Sahne eingeweichte Semmel wie ein Ey groß und hackt alles fein zusammen. Alsdenn füllt man die Tauben damit, und schließt die Haut mit den beyden Enden der Flügel, steckt ein spitziges Holz quer durch die Keulen, befestiget die Tauben am Spieß, bekleidet sie mit Speckstreifen, bewickelt sie mit Papier und läßt sie bey gelinden Feuer braten. Alsdann schneidet man anderthalb Pfund Kalbfleisch aus der Keule, nebst ein Stück Schincken in Scheiben, belegt damit, nebst einigen Stücken von gelben Rüben und Pastinacken, den Boden einer Kasserolle, thut noch eine in große Scheiben geschnittene Zwiebel dazu, und läßt sie bey gelinden Feuer schwitzen.

Wenn es wie ein Kälberjus angebacken ist, so thut man ein wenig geschmolzenen Speck, und so viel Mehl als man zwischen zwey Finger fassen kann, darzu, schwinget alles etwa siebenmal auf dem Kasserolloche herum, schappt alsdenn einen ausgenommenen Hecht, schneidet ihn in Stücken, thut ihn zu dem Coulis in der Kasserolle, schwingt ihn drey bis viermal

mal auf dem Kasserolloche herum, gießt ein wenig Brühe und Jus dazu, und zwar von jeden gleichviel, würzt es mit Salz und Pfeffer, drey oder vier Gewürznelken, ein wenig Lorbeerblätter, etwas Basilikum und Petersilie, zwey oder drey ganz kleine Zwiebeln und klein geschnittene Champignons und Trüffeln, thut die obere Rinde von einem kleinen Brot wie auch zwey Gläser von einem siedenden Champagner Wein dazu, und läßt es alles gelinde kochen.

Wenn es gar und gehörig eingekocht ist, so läßt man es durch ein Haarsieb laufen, und drückt es nur durch, jedoch muß es nicht, so wie ein Coulis durchgeschlagen werden; kostet es, ob die Sauce gut schmecket, und wenn sie noch nicht dick genug seyn sollte, so thut man ein wenig Kalbfleisch und Schinckencoulis dazu und setzt sie auf heiße Asche. Wenn die Tauben gar sind, so ziehet man sie vom Spieß, macht den Speck davon, legt sie zierlich in die Anrichteschüssel und richtet die Hechtsauce warm darüber an.

Tauben in Sardellenbrühe. Man schmoort die ganzen Tauben in einem Schmortopfe, über gelinden Kohlfeuer in gelbbraun gemachter Butter, legt sie alsdenn heraus, läßt fein gehackte Sardellen und Zwiebeln, nebst ein wenig Mehl, kochendem Wasser und ganz wenig Weinessig zusammen sieden, und gießt diese Brühe über die Tauben, in die Schüssel.

Tauben mit Trüffeln. Man präparirt die Tauben und füllt sie; alsdenn macht man ein Ragout von Trüffeln auf folgende Art.

Man

Man schält und wäscht die Trüffeln, schneidet sie in Stücken, gießt Kälberjus daran, und läßt sie in der Kasserolle bey gelinden Feuer sachte kochen. Wenn sie gar sind, so macht man sie mit einem Coulis von Kalbfleisch und Schincken dicklich.

Wenn die Tauben am Spieß gar sind, so macht man die Scheiben davon, legt sie in die Anrichteschüssel, und giebt das Ragout warm darüber.

Die Tauben mit Moußerons und Champignons werden eben so gemacht.

Gedämpfte Tauben. Wenn die Tauben zubereitet sind, theilet man sie in Viertel, salzt und röstet sie im Schmalz braun, legt sie hernach in einem Tiegel, gießt Wein und ein wenig Fleischbrühe daran, schneidet auch abgezogene Mandeln, Rosinen und Weinbeeren klein ꝛc. thut sie zu den Tauben in dem Tiegel, streuet Trisenet darauf, und läßt alles mit einander eine halbe Stunde lang gut zugedeckt dämpfen. Alsdenn thut man es in eine Schüssel, und streuet würflicht geschnittene Citronenschalen darauf.

Oder. Man richtet die Tauben wie gewöhnlich zu, schneidet sie halb entzwey, oder viertheilt sie, salzt und röstet sie ein wenig in Schmalz, bis sie schön gelblich werden, legt sie alsdenn in einem tiefen Tiegel, röstet ein wenig Roggenbrot in Schmalz, oder Butter, schön trocken, brennt es dann an die Tauben, gießt ein wenig Fleischbrühe, Wein und ein kleines Löffelchen voll Essig daran, würzt es mit Pfeffer, Cardomom, Muskatenblüthe und ein wenig Nelken, drückt Citronensaft darin, und zuckert es nach Belieben. Zuletzt wirft man sehr klein und würflicht geschnittene Citronenschalen hinein, thut es dann in eine

eine Schüssel, und bestreuet es mit würflicht geschnittenen Citronenschalen.

Marinirte Tauben. Man marinirt die Tauben in Saft von unzeitigen Weintrauben, und von Citronen, mit Salz, Pfeffer, Nelken, Zwiebeln und Lorbeerblättern, läßt sie ohngefehr drey Stunden darin beitzen, macht hernach einen dünnen Teig mit Mehl, weißem Wein und Eyerdottern an, tunckt die Tauben darein, backt sie dann in zerlassenem Speck oder Schweineschmalz, und richtet sie zum Beygericht mit gebackener Petersilie an.

Man kann sie auch bey Vorgerichten, zur Ausschmückung der Schüsseln gebrauchen.

Man marinirt auf eben diese Art, Tauben mit Saurampfer. Die Tauben werden zurecht gemacht, gewaschen, blanschirt und in einem tiefen Tiegel mit Fleischbrühe, mit etwas Muskatenblüthe und Ingwer aufgesetzt. Hernach setzt man in einer Kasserolle Butter auf das Feuer, thut abgestreiften Sauerampfer darein, und läßt ihn dämpfen bis er gänzlich zusammen gefallen ist, dann legt man die Tauben hinein, und thut ein Stück Butter dazu, zerriebene Semmel, Gewürz und läßt es mit der Fleischbrühe so lange kochen, bis die Tauben weich genug sind, so ist es fertig.

Farcirte Tauben. Man spickt die Tauben, hackt die Lebern davon, nebst ein viertel Pfund Sardellen, vier Loth Kapern, vier Loth Champignons, einige Schalotten, einige Zwiebel, feine Kräuter alles recht fein, und vermischt es mit drey ganzen Eyern und zwey Händen voll zerriebene Semmel, farcirt damit die Tauben, läßt sie in einer Bräise langsam gar werden, und giebt folgende Sauce dazu.

Man schneidet ein Pfund Kalbfleisch aus der Keule, und hackt es nebst einem Pfund Schinken, einem halben Huhn und einem Rebhuhn in kleine Stücken, schwitzt es im Butter, thut denn alles nebst etwas wenigem grünen Fenchel, ein paar Zwiebeln, etwas Gewürz, alles ebenfalls klein geschnitten und ein Quart guter Bouillon in eine zinnerne Flasche, schraubt sie recht fest zu, läßt sie eine Stunde in kochendem Wasser kochen und dann die Sauce durch eine Serviette laufen.

Tauben mit Kirschsauce. Man theilet jede Taube in zwey Hälften und kocht sie in Wasser und Salz gar. Alsdann macht man Mehl und Zucker hochbraun, zerstößt ein paar Hände voll getrockneter oder gebackener Kirschen, thut Zimmet, geriebene Citronenschalen, Weinessig, Zucker und Wasser dazu, läßt dieses zusammen langsam über Kohlen in einem Tiegel mit einander kochen, daß es etwas sämig wird, streicht es denn durch ein Haarsieb mit etwas gekochtem Wasser, legt die Tauben in die Brühe, läßt es noch einmal aufkochen, damit das Fleisch von der Brühe durchzogen wird. Beym Anrichten streuet man Zucker und Zimmet darüber.

Potage von Tauben. Man macht zu dieser Potage ein Gehäck mit dem Brustfleisch von Kapaunen, zerschnittenen Hühnern oder dem dicken Fleisch von einer Kalbskeule nebst Champignons, Artischockenboden und einigen Kälberbröschen, hackt dieses alles zusammen klein, mit feinen Kräutern und Gewürz, und füllt die Tauben zwischen Haut damit, man muß

aber

aber Achtung geben, daß man das Fleisch nicht zerreißt. Sodann blanschiret man die Tauben, thut sie mit einer guten kräftigen Brühe in den Topf, und läßt sie gar kochen. Wenn sie gekocht sind, läßt man Semmelrinden aufschwillen, richtet die Tauben darauf an, und trägt sie warm auf, wenn man ein Jus von Rindfleisch daran gethan hat.

Mit den Kapaunen, geschnittenen Hühnern und Truthühnern, kann man es eben so machen und den Rand der Schüssel mit kleinen Klößchen besetzen, die man von dem Gehäcke macht und worüber man in der Kasserolle ein Ragout geschüttet hat.

Braunes Taubenkompot. Man schneidet die Tauben in zwey Hälften und spickt sie mit Speck, nimmt dann Mehl in Butter braun gemacht, fein gescharbte Zwiebeln und läßt damit die Tauben zugedeckt schmooren.

Wenn sie nun meist gar sind, so gießt man noch etwas rothen Wein und etwas Wasser dazu, legt noch etliche Scheiben Citronenschale und gestoßene Nelken dazu, und so läßt man die Brühe kurz einkochen.

Frikassirte Tauben. Man zerschneidet die Tauben, wenn sie rein und ausgewaschen sind, zu kleinen Stückchen, setzt sie in einer Kasserolle mit Wasser auf, und überwällt sie wie Kalbfleisch, kühlt sie dann in kaltem Wasser ab, putzt sie und setzt dann ein gutes Stück Butter in einer Kasserolle auf, thut Muskatenblumen, eine Zwiebel, Citronenschale, einige Lorbeerblätter und ein wenig Thymian dazu, und läßt die Tauben darin eine Weile auf Kohlenfeuer dämpfen, gießt dann ein paar Gläschen Wein und

etwas

etwas Bouillon daran und läßt es damit sehr einkochen. Ferner schlägt man in ein Töpfchen vier bis acht Eyerdotter, gießt einen halben Löffel voll Weinessig daran, und quirlt es klar ab. Wenn das Frikassee im Kochen ist, so quirlt man die Brühe von den Tauben in die Eyer. Indessen thut man ein Stück Butter an die Tauben und wirft sie so lange herum, bis die Butter zergangen ist. Dann gießt man die Brühe darüber, drückt beym Anrichten Citronensaft darin, und zieret es mit Citronenscheiben aus.

Pastete von Tauben. Man reinigt einige Paar fette Tauben, zerklopft zu einen Paar Tauben vier Eyer und rührt sie mit einem halben Maaß Sahne ab, dann schneidet man die Rinden von zwey neugebackenen Semmeln, zupft die Krume ganz klein, gießt die Eyer mit der Sahne daran, thut ein wenig gehacktes Petersilienkraut, etwas grüne Zwiebeln oder Schnittlauch dazu, würzt es mit Muskatenblumen, Cardomom und ein wenig Salz, zerschneidet ein Achtel Pfund Butter ganz klein und rührt es unter die Fülle. Wenn die Tauben wie gewöhnlich zugerichtet sind, so untergreift man sie auf der Brust und auf dem Rücken, so viel man kann, füllt die Fülle durch ein nicht gar zu kleines Trichterchen in die Tauben, stopft aber immer mit einem Hölzchen die Fülle durch, daß die Semmel mit durchgehet, macht einen Butterteig in einer Pastetenschüssel, legt die Tauben darin, schneidet in die noch übrig gebliebene Fülle, die oben abgeschnittene Semmelrinde würflicht, rührt es durch einander, gießt die Fülle über die Tauben in der Pastete, doch so, daß sie nicht völlig über die Tauben gehet, setzt sie auf den Rost in ein Oefchen und läßt es langsam backen, hebt

sie

sie dann und wann heraus, und weil die Pasteten nicht zugedeckt werden, so bestreicht man die Tauben die in der Höhe liegen mit Butter, daß sie schön saftig bleiben. Wenn die Tauben hübsch braun sind, trägt man sie in der Schüssel zu Tische.

Oder: die reingemachten jungen Tauben werden zusammen gelegt, von Champignons, Kalbsmilch und Kalbsklößchen, wird mit wenig Mehl ein Ragout gemacht, Gewürz und Salz dazu gethan. Der Boden einer Schüssel wird mit Butterteig belegt, die Tauben darauf rangirt und das Ragout oben darüber, auch mit der Farce von Kalbfleisch belegt, dann mit Teig überschlagen und im Ofen gebacken. Vor den Anrichten wird Jus mit den Gelben von Eyern abgerühret, und das Innere der Pastete damit seemig gemacht.

Fricaudraux von Tauben. Man nimmt große, aber aber nicht alte Tauben, rupft und nimmt sie aus, biegt die Beine einwärts, und die Füße in den Leib, und macht sie steif, schneidet sie dann in zwey Theile, spickt sie mit feinem Speck, und legt sie in eine Kasserolle, so, daß der Speck unten lieget. Man thut auch einem Kochlöffel voll Brühe, und zwey kleine Zwiebeln hinzu, deckt die Kasserolle zu und läßt sie allmählig kochen. Wenn sie gar sind, nimmt man die Tauben heraus und läßt die noch übrige Brühe ein wenig einkochen. Dann läßt man die Tauben in Butter hellgelb werden und legt sie dann in eine Schüssel, nimmt das Fett ab, daß in der Kasserolle ist, was aber in der Kasserolle angebacken ist, wird mit ein wenig Kälberjus auf dem Kasserolloche los geweicht. Dann läßt man die Brühe durch ein Haarsieb laufen, giebt sie über die Tauben und richtet sie an.

Grillade von Tauben. Man schneidet die Tauben in der Mitte durch, klopft mit einem Messerrücken die Knochen entzwey, taucht sie in zerlassene Butter, bestreut sie mit Pfeffer und Salz, und bratet sie auf dem Roste. Beym Anrichten wird guter Weinessig mit Citronensafft darunter, gegeben.

Eingebackene Tauben. Diese Tauben heißen so, weil sie mit einem Teig überzogen, und darin gebacken sind. Der Teig bestehet aus den Lebern und den Magen der Tauben, einem Stück geräucherten Schincken, welcher fett und mager neben einander seyn muß, Zwiebeln, zerriebene Semmel, ein Paar Eyer, Butter und etwas Mehl, auch Muskatenblumen, welches alles recht fein gehackt und zu einem Teig gemacht wird. Mit diesen Teig müssen die Tauben, welche in Hälfeen zerschnitten und mit einem Stückchen Butter halb gar geschmoret sind, einen Querfinger hoch bestrichen, jede Hälfte in Papier, welches mit Butter bestrichen worden ist, eingewickelt, und auf dem Roste vollends gar gebraten werden.

Von den Pfauen.

Wenn es auf den Nutzen ankommt, den man in der Wirthschaft von den Pfauen hat, so ist dieser so unbeträchtlich, daß dieser Vogel hier nicht einmal eine Stelle verdiente. Er wird deßhalb auch nur auf den Höfen reicher Leute, wegen der Schönheit und Pracht seiner Federn, und wegen seiner guten Gestalt und Ansehn gehalten, es wäre denn, daß an Stellen wo man sie in Menge ziehet, welches doch selten ist, dann und wann eine junge schlachtete, die wegen ihres zarten Fleisches sehr gerühmt werden.

Ihr Vaterland ist Ostindien, von da sie zuerst durch Asien nach Europa gebracht und seit Alexander des Großen Zeiten hierher verpflanzt worden sind. Schon Salomo mußte viel aus ihnen machen, denn seine Schiffe, die drey Jahre abwesend waren, ehe sie ihre Reise endigten, brachten ihm außer andern Kostbarkeiten auch Affen und Pfauen mit.

In Indien leben sie zum Theil wild, hier bey uns aber würden sie keinen Winter in der Freyheit durchleben können, sie gebrauchen deßhalb die menschliche Vorsorge und sind dadurch ganz zahm geworden, daß sie auf den Höfen unter den übrigen Hausgeflügel zusammen leben. Sie haben sich unter denselben so in Respekt gesetzt, daß es scheint, als hätten ihnen alle den Vorzug eingeräumt, ja sogar die Hühnerhähne, die sich nicht einmal vor zwey Truthähne fürchten, gehen ihnen aus dem Wege.

Im Sommer möchten sie sich wohl bey uns im Freyen forthelfen, denn man hat Beyspiele, daß sie sich alsdenn vornehmlich auf Wiesen aufgehalten und sich nur dann und wann ihr Futter vom Hofe geholet, auch daselbst Nester gemacht und geheckt, allein im Winter müßten sie doch schlechterdings umkommen.

Dieser außerordentliche schöner Vogel verdiente, seiner Pracht wegen, mit Recht den Namen des Königs unter den Vögeln, und wer noch keinen gesehen hat, wird schwerlich bey der besten Beschreibung sich eine richtige Vorstellung davon machen können.

Das Männchen ist wegen der unbeschreiblichen Pracht seiner Steißfedern, wegen seines ansehnlichen Wuchses, seiner einnehmenden Stellung, seines stolzen Ganges, der zierlichen und ungezwungenen Verhältnisse seines Körpers, eines der allerschönsten Geschöpfe in der Natur, und ein wahrer Schmuck der Federviehhöfe.

Er ist beynahe so groß als ein Truthahn, den Kopf zieret ein schöner, hoher, beweglicher Federbusch

und

und an jedem Fuße stehet ein dicker, scharfer Sporn. Die Farbe der Federn ist oben goldgrün und kupferfarbig, unten schwärzlich mit goldgrün vermischt. Die Deckfedern des Schwanzes, wovon die mittelsten über vier Fuß lang sind, haben verschiedene spielende Farben und besonders am Ende runde, augenförmige, glänzende Flecke von ausnehmender Schönheit.

Kopf, Kehle, Hals und Brust, sind hellblau, mit einem prächtigen Wiederschein glänzender, violetter, goldgelber und goldgrüner Farbe.

Der Federbusch bestehet aus vier und zwanzig bis dreyßig langen Federn von eben so schön spielenden Farben, die er einzeln bewegen oder auch alle zusammen aufrichten kann.

Um die Augen sind zwey länglicht weiße Flecke. Der Schnabel ist weißlich und gekrümmt. Es bekommt aber das Männchen alle diese schöne Federn erst im dritten Jahre mit dem Vermögen zur Fortpflanzung zugleich.

Das Weibchen hat lange nicht die prächtigen Federn des Männchens, so daß man kaum glauben sollte, beyde gehörten zusammen. Es ist durchgehends grau, hat weit kürzere Deckfedern des Schwanzes und bleyfarbige Augen. Dieses ist die Beschreibung des gemeinen Pfaues, außer dem man noch vier Arten hat, die aber weniger bekannt sind; der ganz weiße Pfau aber, ist nur eine Spielart des gemeinen.

Ihr Futter bestehet in allerley Körnern, als Weizen, Gerste, Erbsen, Schroot ꝛc. Die Jungen fangen sich gern Schmetterlinge und fressen gern Amei-

 sen,

sen, und ihre Eyer, wie auch allerley Würmer und Insekten. Frische Kresse ist eine Lieblingsspeise, die sie allen andern vorziehen.

Beym Saufen, das allezeit in reinem klaren Wasser bestehen sollte, stecken sie den Schnabel in das Wasser, machen darin verschiedene ungemein hurtige Bewegungen mit dem Unterschnabel, richten sich dann in die Höhe, und verschlucken so das in ihrem Schnabel aufgefaßte Wasser, ohne mit demselben eine weitere Bewegung zu machen.

Die Fliederblüthe ist den alten Pfauen ein wahres Gift, wovon sie sterben wenn sie davon fressen, den jungen hingegen sind die Brennesseln höchst schädlich.

In Indien, als ihrem Vaterlande, wo sie sich schaarenweise zusammen halten, sind sie sehr scheu und flüchtig, hier bey uns thun sie es wohl, aber sehr selten, daß sie von ihren Flügeln Gebrauch machen, es sey denn, daß sie gejagt würden, und dann ist ihr Fliegen, auf eine kurze Zeit über der Erde, mehr ein Flattern zu nennen.

Wenn die Pfauen schlafen, so stecken sie bald den Kopf unter den Flügel, bald aber ziehen sie den Hals in sich selbst zurück, und den Schnabel nach dem Winde gerichtet.

Die Stimme, wenn sie schreyen, ist so widrig, als man nur denken kann. Wer selbst Pfauen hält, mag es sich noch wohl gefallen lassen, denn er findet an ihnen

ihnen selbst Vergnügen, ist man aber der Nachbar eines Herrn, der dergleichen hält, so kann man sicher darauf rechnen, nicht selten des Nachts aufgeweckt zu werden, denn sie schreyen öfters die ganze Nacht, besonders, wenn sich das Wetter ändern will oder Sturm zu erwarten ist.

Da sie aus einem so heißen Lande herstammen, so ist es wohl nicht zu verwundern, daß ihnen große Kälte nachtheilig sey, man muß daher sorgen, daß sie im Winter einen warmen Stall haben, worin sie des Nachts sitzen und am Tage eine Zuflucht finden, wenn es frieret. Sie lieben sehr die Reinlichkeit, deßwegen ist es gut wenn ihnen die Ställe, worin sie sich aufhalten, öfters gereinigt werden. Sie schlafen am liebsten in der Höhe, derowegen müssen auch hier, wie in den Hühnerställen, in bequemen Entfernungen, Stangen oder Latten, befestigt werden, worauf sie sitzen und schlafen können.

Nachdem sie lange unter Menschen zugebracht, haben sie ihre natürliche Wildheit ganz abgelegt und sind so zahm geworden, als irgend ein anderes von unserm Hausgeflügel.

Da sie hier nicht zu Hause gehören, so könnte man eben uicht sagen, daß sie hier angeborne Feinde hätten, allein die Marder, Füchse und andere Raubthiere unseres Flügelwerks, machen keinen Unterschied und erwürgen eben so gut einen Pfau, wenn sie ihn überwältigen können, als ein anderes, sogar vor den Raubvögeln sind die jungen nicht sicher, und werden,

 wenn

wenn man sie nicht verscheucht, von ihnen weggeholt.

Sie werden auch von einer Art Läuse, die ihnen allein eigen ist, zuweilen geplagt; sie können aber hiervon mit Thran, auf eben die Art befreyet werden, als die Tauben und die Hühner.

Viele Nässe ist ihnen so schädlich, als die Kälte, vor beyden muß man sie auf alle Art zu schützen trachten.

Die Pfauen sind den jährlichen Verlust ihrer Federn eben so gut unterworfen, als alle andere Vögel. Diese Zeit, oder das Mausern, geschiehet bey ihnen zu Ausgang des Julius, alsdenn verlieren sie auch ihren schönen Schweif, der erst im Frühjahr vollkommen erneuert ist. Während dieser Zeit sitzen sie traurig und niedergeschlagen, oder nach den gemeinen Vorurtheil, betrübt über den Verlust ihrer Schönheit, eher aber, daß sie so wie andere Vögel, während dieser Periode immer krank sind.

Schaden können sie bey uns, so lange sie unter Aufsicht gehalten werden, wohl nicht thun, es sey denn, daß sie Gelegenheit finden in einem Garten zu kommen, wo sie mit Kratzen und an den jungen Pflanzen, Unheil genug anrichten können; das muß man dann aber nicht ihnen, sondern denen die die Aufsicht über sie haben, beymessen. In ihrem Vaterlande mag sich das wohl anders verhalten und sie mögen keinen geringen Schaden verursachen, wenn sie Heerdenweise in einem Garten oder auch in ein Saatfeld fallen.

Sowohl

Sowohl der Hahn als die Henne, sind erst im dritten Jahr ihres Alters tüchtig zur Fortpflanzung. In diesem Jahre erhält der Hahn erst seinem vollständigen Schweif, der Federbusch auf dem Kopf, ist völlig ausgewachsen und er ist vermögend, so gut sein Rad zu schlagen als die Alten. Dieses alles zeigt an, daß er die größte Vollkommenheit erreicht hat, und zu gleicher Zeit fängt sich sowohl bey ihm, als auch bey der Henne, der Begattungstrieb zu regen an, und einander nachzugehen, welches gemeiniglich im Frühjahre und öfters noch vor dem Monat März angehet.

Ihr Alter bringen sie ziemlich hoch, welches sich daraus erwarten läßt, daß sie drey Jahr zubringen ehe sie ihre Vollkommenheit erreichen. Sie sollen nemlich ein Alter von fünf und zwanzig Jahr erreichen.

Die Hähne sind zu Zeiten sehr eifersüchtig, daß sie sogar Menschen anfallen, ins Gesicht fliegen und nach sie hacken und schlagen. Will man eine starke Zucht davon haben, so giebt man dem Hahne fünf bis sechs Hühner, mehr aber nicht, mit wenigern muß er sich auch begnügen, doch behauptet man, daß wenn ein Hahn nur wenig Hühner hat, die Eyer wegen des vielen Tretens sehr oft unfruchtbar wären.

Eine Henne legt nach und nach acht, ja wohl an dreyßig. Die Eyer sind den Truthühnereyern sehr gleich und haben auf einen weißen Grund eben solche Flecke.

Wenn

Wenn eine Henne brüten oder legen will und sie zur Wahl ihres Nestes freyen Willen hat, so sucht sie sich gern stille, entlegene und finstere Oerter aus, wo sie so leicht nicht gestöret wird. Dieses muß man sich auch merken, wenn man ihnen selbst den Ort dazu anweisen will. Es ist dieses um desto nothwendiger, da diese Thiere so lange, fast einen ganzen Monat sitzen müssen, ehe die Jungen auskommen. Es trifft sich nicht immer, daß, wenn die Pfauen bey uns Eyer legen, daß sie auch großen Trieb zum Brüten bezeigen, und dann verlassen sie auch wohl das Nest und die Eyer, wenn sie bey dem Brüten keine Ruhe haben. In solchen Fällen thut man besser, daß man die Eyer von Hühnern am allerbesten aber von Truthühnern ausbrüten läßt.

Wenn sie selbst brüten, so pflegt man gern ihnen das Nest selbst zu verfertigen. Während des Brütens muß man hauptsächlich Sorge tragen, daß man ihnen ihr Futter zur rechten Zeit vorsetzet, damit sie nicht lange von den Eyern bleiben dürfen, und diese kalt werden.

Die Hähne sind sehr arg nach den Hühnern, sogar wenn sie brüten, drängen sie sich zu ihnen, sie würden, wenn sie dazu gelangen könnten, mit den Hühnern so plump umgehen, daß dabey alle Eyer zerbrochen würden, deßhalb muß man sie absondern und alle Gelegenheit vorbeugen, daß sie nicht zu den brütenden Hühnern gelangen und diese ruhig sitzen können.

Ein

Ein Umstand ist noch schlimm, daß, wenn die Pfauenhühner ihre Eyer selbst ausbrüten, sie bey dem Anblick der ersten ausgekrochenen Küchlein, gern das Nest und die übrigen Eyer verlassen, dieser Ursach halber muß man alsdenn, wenn die Küchlein bald oder die ersten schon auskriechen, genaue Obacht geben, und ihnen das Verlassen des Nestes auf die schicklichste Weise, zu verhindern suchen. Da man dieses nun bey den Truthühnern nicht zu befürchten hat, so ist es schon Vortheil genug, um die Eyer lieber von letztern, die ohnehin eifriger brüten, ausbrüten zu lassen.

Wenn die jungen Pfauen aus dem Ey herausgekrochen sind, läßt man sie wenigstens noch vier und zwanzig Stunden unter der Mutter zum Abtroknen sitzen, hernach aber bringt man sie wenn schönes warmes Wetter ist, unter einen Hühnerkorb.

Die erste Nahrung die man ihnen giebt, ist Gerstenmehl mit Wein befeuchtet, oder gekochten Wasserbrey nachdem er wieder kalt geworden, auch wohl hart gekochte Eyer mit zerriebener Semmel vermischt, oder Grütze, oder zerriebene Semmel mit gehackten Eyern und Gerstenmehl mit Wein besprenget. In der Folge aber, wenn sie schon etwas erwachsen sind, giebt man ihnen Weitzen in Wasser eingeweicht, oder weichen Käse mit gehackten Lauch vermischt. Nach Heuschrecken und andern Gewürm sind sie sehr begierig, hat man einem grünen Platz, wo man sie kann frey gehen lassen, so suchen sie sich selbige eifrig auf, und gedeihen wenn sie viel finden, ganz vor-

trefflich

treflich darnach. Sobald sie ein halbes Jahr alt sind, futtert man sie mit Weitzen, Gerste und geschnittenen Birnen und läßt sie dann unter den Alten gemeinschaftlich mit herum gehen.

Noch ist zu bemerken, daß die Mutter in den ersten Tagen sich niemals in ihrem gewöhnlichen Neste über die Jungen setzet, auch nie an einerley Ort sich zweymal hintereinander zur Ruhe begiebt, man muß ihnen also einen sichern Ruheplatz anweisen, damit die Jungen keiner Gefahr ausgesetzt werden.

Kälte und Feuchtigkeit sind den jungen Pfauen äusserst nachtheilig, aus der Ursach muß man ihnen nicht verstatten, auf der bloßen Erde zu schlafen, sondern sie gleich dazu gewöhnen, auf die Stangen zu fliegen.

Von den Pfauen sagt man noch, daß der Pfauenhahn, die jungen Pfauen nicht eher für seines gleichen erkenne, als bis ihnen der Federbusch auf dem Kopfe wachse, so lange soll er sie stets als fremde Geschöpfe ansehen und verfolgen.

Der Nutzen den die Pfauen leisten, ist sehr unbeträchlicht; zwar schätzten sie die Römer und Griechen ungemein hoch, und bezahlten unglaubliche Summen vor einen Pfau, den sie hernach bey ihren Gastmalen mit auffsetzten um ihre Pracht und Verschwendung sehen zu lassen. Gegenwärtig stehet ihr Fleisch in gar keiner Achtung, die Alten, werden weder gekocht noch gebraten, mürbe, ihr Fleisch ist und bleibt zähe, man mag damit anfangen was man will, geschiehet einmal, daß sie irgendwo auf die Tafel gebracht werden, so geschie-

het

het es doch nicht, daß sie zum speisen, sondern als ein bloßes Schaugericht hingestellt werden. Nur die jungen Pfauen haben ein mürbes schmackhaftes Fleisch. Man schlägt ihnen den Kopf ab, wirft sie in kaltes Wasser zum Ausbluten, damit das Fleisch weiß werde, alsdann rupft man sie, nimmt sie aus, hackt die Flügel ab, spickt und bratet sie, oder schlägt sie in eine Pastete.

Von den Federn gebraucht man nur die langen Schwanzfedern, jedoch nur allein zum Putz und vornehmlich der Köpfe der Damen. Ehemals webte man einen prächtigen Zeug, dessen Aufzug aus lauter Gold und Silber, der Einschlag aber aus Pfauenfedern bestand.

In der Medicin wurde vor Zeiten alles von dem Pfau gebraucht, Fett, Federn, Fleisch und sogar der Koth war ein berühmtes Mittel; es ist aber alles vergessen worden, weil man endlich die Unwirksamkeit davon eingesehen hat.

Die Eyer sollen einem guten Geschmack haben, man will sie aber der Gesundheit für nachtheilig, halten.

Da sie bey Gelegenheit sehr viel Insekten vertilgen, so könnte man allenfalls dieses noch mit znm Nutzen mit rechnen, indem er schon so geringe ist.

Vom Perlhuhn.

Die Perlhühner sind etwas grösser als unsere gemeinen Haushühner, und die letzteren von dem grösseren Geflügel, das bey uns unter menschlicher besonderer Aufsicht erzogen wird. Sie stammen eigentlich aus Afrika her, von da sie vor ungefähr zwey hundert Jahren nach Frankreich gebracht wurden.

Sie gleichen einigermaßen den Rebhühnern. Der Kopf und obere Theil des Halses ist kahl wie bey den Truthühnern, auf den Schnabel stehet ein etwas zurückgebogener, hornartiger Auswuchs und an den Seiten der untern Kinnlade, hängen Fleischlappen herunter. Ihr Schnabel ist eben so beschaffen wie bey den gemeinen Hühnern. Die Farbe der Federn ist aschgrau, bald dunkler bald heller, mit weißen rundli=

rundlichen Flecken, wie Perlen. Die Flügel sind kurz, daher sie sich nur mit Mühe von der Erde erheben können. Die Füße sind bräunlich; ein Drittheil von den Klauen, ist durch eine Art von Haut vereinigt, die hintere Klaue ist kurz, und die Hähne haben hinter dem Fuße gar keinen Sporn.

Ihr Geschrey ist durchdringend und den Ohren sehr unangenehm. Sie sind zänkische, muthige und lebhafte Thiere, die andere viel größere Vögel, als Truthähne rc., im Kampfe überwinden. Sie halten sich gern in Gesellschaft zusammen, erziehen ihre Jungen gemeinschaftlich, selbst solche, die ihnen nicht angehören.

Wenn sie jung sind, lassen sie sich leicht so zahm machen, als eins unserer Hühner, mit deren Lebensart sie sehr viel ähnliches haben. Hier legen sie nur acht bis zwölf Eyer, allein in ihrem Vaterlande sollen sie, wenn man sie ihnen immer wegnimmt, wohl an hundert legen.

Sie brüten ihre Jungen in drey Wochen aus, solche sind aber sehr zärtlich, schwer zu erziehen und müssen noch sorgfältiger als die Truthühner, gewartet werden, und bekommen gleiches Futter wie die Fasanen.

Man behandelt sie bey der Erziehung, eben so, wie unsere gemeinen Hühner.

Die Perlhühner, werden unter unsern Hühnern auf den Höfen mehr ihrer Seltenheit, als des Nuzens wegen, gehalten, wiewohl ihr Fleisch und Eyer, die kleiner als Hühnereyer sind und in Ansehung der Farbe ihren Federn gleichen, als eine besondere Delikatesse gerühmet wird. Das Fleisch der Jungen, kommt an Geschmack, dem Rebhühnerfleisch gleich.

Kleine Vögel zu mästen, und sie dadurch wohlschmeckend zu machen.

Zu gewissen Zeiten werden so viele kleine Vögel gefangen, daß man sie um einem wohlfeilen Preis erkaufen kann. Diese zu mästen, wie es bey dem Poularderiegeflügel geschiehet, ist eine leichte Sache und gehet so geschwinde, daß sie schon innerhalb acht Tagen, völlig fett sind. Die Hausmutter giebt dazu die folgende Anweisung.

Man muß dazu eine Kammer wählen, wo Niemand hineingehet, oder die Vögel gestöret werden. Alsdann schafft man sich so viel ganz kleine hölzerne Vogelbauer an, als man Vögel zu mästen Willens ist, diese hängt man an die Wand, in einer Reihe neben einander auf, und steckt in jeden einen der zu mästenden Vögel. Jeder bekommt sein Trögelchen alle Morgen, mit ganzer Hirse angefüllt, in das Saufrögelchen aber giebt man ihnen des Morgens, Mittags

Mittags und Abends, jedesmal einen Löffel voll recht frische, fette Milch, worin zuvor etwas Zucker aufgelöſ't worden. Das Trögelchen muß dabey jedesmal, so oft sie frische Milch bekommen, recht rein gemacht werden.

Nach Verfließung von acht Tagen sind sie völlig fett und außerordentlich delikat. Beym Abschlachten, müssen ihnen mit einem scharfen Federmesser, die Adern unter der Kehle aufgeschnitten werden, damit sie ausbluten und eine weiße Farbe erhalten.

Die Sperlinge schicken sich ganz vortreflich zu dieser Art von Mast, und werden vollkommen den Ortolanen gleich. Mästet man sie mit Hirse in Milch gekocht und etwas gestoßene Wacholderbeeren darunter gemischt, so bekommen sie einen aromatischen Geschmack.

Krammetsvögel mästet man, indem man sie in eine Kammer sperret, worin vieles Reisholz in den Ecken gestellet, und der Boden mit Kiessand bestreuet worden. Zum Futter erhalten sie alle Morgen, Mittag und Abend in ihren hölzernen Trögen, rohen oder geschroteten Weitzen und Roggenkleye untereinander mit Wasser vermischt, zum Saufen aber reines Wasser, in irdenen Gefäßen. Sobald die Krammetsvögel rar werden, steckt man diese in hölzerne Vogelbauer, von einen Fuß ins Gevierte groß und oben mit Leinwand benagelt. Zehen Tage lang bekommen sie des Morgens, Mittags und Abends, Hirse in süßer Sahne gekocht, und mit Zucker süß gemacht, und eben

eben so wie schon vorhin angezeigt, dreymal täglich einem Löffel voll frische Milch zum Saufen. Nach dem eilften Tage giebt man ihnen dreymal getrocknete und einen Tag zuvor, in warmes Wasser eingeweichte Erdbeeren und Wacholderbeeren. Den Tag darauf wird ihnen, so wie den Hühnern, der Hals abgeschnitten.

Die zur Herbstzeit eingefangenen Lerchen, futtert man ganz mäßig mit Hirse, und streuet ihnen recht viel Sand in ihre Kammer, der öfters erneuert werden muß, darin können sie sich denn nach Vergnügen baden. Neben den Sauftrögen, stellet man ihnen auch, so wie den Krammetsvögeln, noch andere Geschirre mit Wasser hin, worin sie sich baden können. Wenn sie hernach gemästet werden sollen, sperret man sie auf die bereits angegebene Art, in hölzerne, kleine, oben mit Leinwand beschlagene Bauer und mästet sie darin, wie die andern kleinen Vögel mit Hirse und Milch, so werden sie innerhalb zwölf Tagen vollkommen fett seyn. Beym Schlachten schneidet man ihnen gleichfalls die Adern unter der Kehle durch, damit sie rein ausbluten und schön weiß werden.

FSC
www.fsc.org
MIX
Papier | Fördert
gute Waldnutzung
FSC® C083411

Zeitfracht Medien GmbH
Ferdinand-Jühlke-Straße 7
99095 Erfurt, Deutschland
produktsicherheit@kolibri360.de